Umsatteln

Das KONSUMENT-Fahrradbuch

Das
KONSUMENT-
Fahrradbuch

Verein für Konsumenteninformation (Hrsg.)
Wenzel Müller

Umsatteln

Impressum

Herausgeber
Verein für Konsumenteninformation (VKI), Mariahilfer Straße 81, A-1060 Wien, ZVR-Zahl 389759993
Tel. 01 588 77-0, Fax 01 588 77-73, E-Mail: konsument@vki.at, www.konsument.at

Geschäftsführer
Ing. Franz Floss, Dr. Josef Kubitschek

Autor
Mag. Wenzel Müller

Fachliche Beratung
Franz Wallner

Lektorat
Gerhard Früholz

Produktion
Günter Hoy, Edwin Würth

Foto Umschlag
Pan Xunbin/Shutterstock.com

Fotos Textteil
Mag. Wenzel Müller/VKI (wenn nicht anders angegeben)

Grafiken
Erwin Haberl

Druck
Holzhausen Druck GmbH, 1140 Wien

Bestellungen
KONSUMENT, Kundenservice
Mariahilfer Straße 81, A-1060 Wien
Tel. 01 588 774, Fax 01 588 77-72
E-Mail: kundenservice@konsument.at

Bibliografische Information der Deutschen Nationalbibliothek
Die Deutsche Nationalbibliothek verzeichnet diese Publikation in der Deutschen Nationalbibliografie; detaillierte bibliografische Daten sind im Internet über http://dnb.d-nb.de abrufbar.

Verein für
Konsumenteninformation
ISBN 978-3-99013-033-9

€ 19,60

Zu diesem Buch

Er war es einfach leid. Immer diese Parkplatzsuche, immer dieser Stau. Jedes Mal die hohen Reparaturkosten, wenn beim Auto wieder einmal etwas kaputtging. Herr Stolzinger beschloss eines Tages, sein Auto stehen zu lassen und fortan mit dem Fahrrad in die Arbeit zu fahren.

Vor zwanzig, dreißig Jahren hätte Herr Stolzinger mit seinem Umstieg kaum etwas anderes als scheele bis misstrauische Blicke bei Nachbarn, Kollegen und Bekannten geerntet. Kann sich ein Auto nicht mehr leisten! Heute schaut kaum jemand mehr schief. Mit dem Rad ist Herr Stolzinger ganz auf der Höhe der Zeit.

Ein altes Vehikel wird wieder entdeckt. Als praktisches Verkehrsmittel. Als schickes Accessoire. Als tägliches Fitnessgerät. Als günstiges Reisefahrzeug. Als schnelle Maschine. Als humane Technik. Als modernes Statussymbol. Dieses Buch hat es sich zum Ziel gesetzt, Ihnen das Fahrrad in all diesen Facetten näher zu bringen. Fahrradtechnik und Fahrradkultur in einem.

Tipps neben Reportagen, Grafiken neben Streetfotos: Wir wollen in bewährter Weise informieren und aufklären und darüber hinaus unterhalten. Verstehen Sie das Buch bitte als einen (vergnüglichen) Ausflug in die vielen Gebiete, die das Fahrrad zu bieten hat.

Mag. Wenzel Müller

Inhalt

Faszination Fahrrad

„Wie beruhigend ist es, von Fahrrädern zu sprechen."

Samuel Beckett (1908 – 1968), irischer Schriftsteller, in seinem Roman „Molloy"

Einfach schön: Fahrradikonen

Der Wiener Designer und Architekt Michael Embacher fährt nicht nur Rad, er sammelt auch Räder

Er ist kein Student und hat so gar nichts von einem Öko-Rebellen an sich. Er ist auch nicht sportlich durchtrainiert, gertenschlank, im Gegenteil, er kann nicht verbergen, dass er gute Küche durchaus zu schätzen weiß. Kurzum: Michael Embacher entspricht in keiner Weise dem gängigen Klischeebild vom Radfahrer. Und dennoch: Der renommierte Wiener Designer und Architekt ist ebenso überzeugter wie begeisterter Radfahrer. Und mehr noch: Der Endvierziger besitzt eine der größten Fahrradsammlungen in Österreich, wenn nicht in der Welt. Präsentiert wurden ausgewählte Exponate dieser Sammlung 2013 fast zur selben Zeit in zwei Museen, im Portland Art Museum in Oregon, USA, und im Museum für angewandte Kunst in Wien (MAK).

Wie kam es zu dem Interesse am Fahrrad? Was fasziniert ihn an dem Vehikel? Was ist an diesem doch so alltäglichen Gegenstand für ihn außergewöhnlich? „Wie Adam Opel schon sagte: Das Fahrrad ist ein Gebrauchsgegenstand ohne ersichtlichen Nachteil. Diese Ansicht teile ich. Mich fasziniert die Einfachheit – und die überraschend große Vielfalt an Variationen. Seit knapp 200 Jahren wird das Fahrrad hergestellt, seine Grundform ist seitdem weitgehend unverändert geblieben, und doch arbeiten Tüftler ununterbrochen an Verbesserungen."

Michael Embacher mit seiner Sammlung

Diese Vielfalt dem Besucher zu vermitteln, darum ging es auch vor allem in der MAK-Ausstellung „Tour du Monde". Die Räder standen nicht am Boden, sondern schwebten, an der Decke angebracht, in der Luft, so, dass der Besucher ihnen so begegnen konnte, wie er es im Alltag gewöhnlich nicht kann: auf Augenhöhe. Auf diese Weise vermochte er Details wahrzunehmen, die ihm normalerweise entgehen.

Da ist etwa der „Rolls Royce" unter den Rädern: ein René Herse aus der Nachkriegszeit. Das Reiserad „Diagonale". Alles an ihm ist fein verarbeitet. Kunstvolle Muffen und innen verlegte Züge, Gewicht: 12,3 Kilo. Ein Fabrikat aus einer jener kleinen französischen Werkstätten, die im Jahr ein paar Dutzend, höchstens ein paar Hundert Räder fertigten.

„In Frankreich wusste man diese Handwerkskunst zu schätzen. Die Käufer waren gerne bereit, den 3-Monats-Gehalt eines

MAK

MAK

Angestellten für ein Fahrrad auszugeben", sagt Embacher. Es ist diese Liebe zum Detail, die Genauigkeit bis auf den Zehntelmillimeter, die ihn an diesen Rädern fasziniert. „Beim Fahrradbau rächt sich jede Ungenauigkeit, denn sie muss vom Fahrer mit erhöhtem Krafteinsatz wett gemacht werden."

1934 wurde in Frankreich der „Concours de Machines" ins Leben gerufen, ein Wettbewerb, bei dem nicht der schnellste Fahrer, sondern das beste Rad ermittelt wurde. Da gab es etwa Punkte für geringes Gewicht. Die Fahrt ging über die Berge, und an verschiedenen Stationen wurde das Rad einer technischen Kontrolle unterzogen. Punktabzug gab es für jeden technischen Defekt. Sieger war das Rad mit den meisten Punkten.

Embacher begann vor etwa zehn Jahren, Fahrräder zu sammeln. Am Anfang stand ein Rennrad, ein italienisches, ein „Rigi Bici Corta", mit extrem kurzem Radstand. „Ich hatte es zufällig im Internet entdeckt." Aus dem Zufall wurde gezielte Beobachtung. Und aus ein paar Rädern wurden schließlich über 220. Doch ein Hobby, das ist es geblieben, wenn auch inzwischen ein recht kostspieliges. „Als ich zu sammeln begann, war das Fahrrad noch nicht in Mode und daher relativ preisgünstig zu bekommen. Um 2008, als einige Modehäuser anfingen, auf Werbeplakaten ihre Produkte mit alten Fahrrädern zu dekorieren, zog der Preis an. Heute gibt es vor allem in Korea und Japan Sammler, die bereit sind, für ein Moulton-Rad 18.000 Euro hinzulegen. Viele Räder, die ich vor Jahren erworben habe, könnte ich mir heute gar nicht mehr leisten."

Manche Sammler betrachten ihre Velos als Fetische, als Wertgegenstände, die am besten im Panzerschrank zu verwahren sind. Ganz anders Embacher. Er lagert seine Räder auf dem Dachboden, direkt über seinem Atelier in der Wiener Kaiserstraße, dort, wo es im Sommer verdammt heiß werden kann. Ab und an tut es da einen lauten Knall, dann, weiß Embacher, ist mal wieder ein Reifen geplatzt. Macht nichts, das gehört dazu. Für ihn keine Katastrophe. Denn Embacher sieht in den Vehikeln in erster Linie Gebrauchsgegenstände.

Er erwirbt nur, was ihn, den Designer, unmittelbar anspricht. Das können auch sympathische Verirrungen sein, wie etwa jenes in Österreich entwickelte Mountainbike mit Allradantrieb, das sich am Markt nicht behaupten konnte. Oder das „Wilhelmina Plast Itera" (1984) aus Schweden: ein ganz aus Plastik gefertigtes Fahrrad. Zweifellos eines der unbrauchbarsten Verkehrsmittel aller Zeiten, denn es verbiegt sich im Sommer.

Solche Vehikel der eher skurrilen Art fanden waren in der MAK-Ausstellung neben ultraleichten Carbon-Rädern und wuchtigen Mountainbikes ausgestellt. Für den Sammler gilt es offensichtlich, möglichst das gesamte Spektrum abzudecken, das die Fahrradhistorie der letzten 100 Jahre zu bieten hat. „Ich habe den Zugang her über Spaß und Optik", sagt er.

Embacher gönnt sich den Luxus, für seine täglichen Fahrten immer mal wieder ein anderes Rad aus seinem Fundus zu nehmen. „Das ist ja das Schöne am Radfahren. Man hat Spaß, ohne ein schlechtes Gewissen dabei haben zu müssen. Schließlich macht man keinen Lärm, verpestet nicht die Umwelt und raubt keine Ressourcen."

Ja, auch ihm sind bereits Räder bereits gestohlen worden, und gar nicht so wenige, etwa 20 an der Zahl. Manche erhielt er zurück. „Ich habe das Glück, dass viele Fahrradmechaniker in Wien meine Räder ganz gut kennen. Und so habe ich schon einige gestohlene zurückerhalten, eben die, die zur Reparatur gebracht worden waren."

Embacher scheint seiner Zeit stets einen Schritt voraus zu sein. Das war so, als er mit seiner Fahrradsammlung begann; das war so, als er die Idee hatte, diese Sammlung in einem Fotobuch zu verewigen. „Nachdem ich von zehn Verlagen eine Absage erhalten hatte, entschloss ich mich, dieses Buch auf eigene Kosten herauszubringen", sagt Embacher. „Smart Move", so der Titel der Eigenproduktion, war schnell ausverkauft. Bald darauf fand sich ein international tätiger Verlag, der eine erweiterte Fassung herausbrachte. Dieses Buch, „Cyclepedia", ist inzwischen in zahlreiche Sprachen übersetzt worden, unter anderem ins Japanische und Koreanische. Jene Lektoren, die ihm damals eine Absage erteilten, haben heute allen Grund, sich grün und blau zu ärgern.

Ob er ein Lieblingsrad hat? Nein, sagt Embacher, allerdings benutze er eines am häufigsten. Ein Tandem. Auf dem mache er am Wochenende gerne Ausflüge mit seiner Frau. Denn sie, eine Taiwanesin, habe nie Fahrradfahren gelernt und interessiere sich auch nicht für das Vehikel. Beste Voraussetzung für geruhsame Ausfahrten. Die Arbeit der Woche ist getan. Kein Wort mehr über Fahrräder. Nur in die Pedale treten, mehr nicht.

Vom Luxusartikel zur Massenware: Zur geschichtlichen Entwicklung des Fahrrads

Ein Gespräch mit Dr. Anne-Katrin Ebert, Kuratorin im Technischen Museum Wien

Das Fahrrad feiert Renaissance. Die Verkaufszahlen der Räder gehen in die Höhe, und neue Radläden sprießen geradewegs wie die sprichwörtlichen Schwammerln aus dem Boden. Als 2013 die Technische Universität Wien eine Ringvorlesung zum Thema „Radfahren in Wien" veranstaltete, kamen hunderte Studenten, so viele, dass die Vorlesung jeweils per Video in einen zweiten Hörsaal übertragen werden muss.

Das Fahrrad ist vom Fahrbahnrand ins Zentrum gerückt, oder anders ausgedrückt: Es ist in der Mitte der Gesellschaft angekommen. Darüber besteht kein Zweifel. Aber welche Renaissance feiert es? Als Sportgerät der wohlhabenden Leute oder als Transportmittel des einfachen Mannes? Als schickes Accessoire oder ökologisch unbedenkliches Vehikel? Diese Frage wurde bislang kaum erörtert, geschweige denn entschieden. Alle diese Konnotationen, die sich mal ergänzen, mal im Widerspruch zueinander stehen, sind in der knapp 200-jährigen Geschichte des Fahrrads schon früher irgendwann einmal aufgeworfen worden, wie ich bei einem Besuch bei Dr. Anne-Katrin Ebert im Technischen Museum Wien erfahre. Dort leitet sie die Abteilung Verkehrswesen.

Die Kuratorin, die ihre Dissertation über „Die Geschichte des Fahrrads in Deutschland und den Niederlanden bis 1940" schrieb, hält wenig von der üblichen linearen Geschichtsschreibung der Art „Erst war das Fahrrad, dann kam die Dampfmaschine, dann der Elektromotor". Ebensowenig sieht sie im Fahrrad einfach nur den Vorläufer des Automobils. Ebert interessiert sich vielmehr für Fragen wie: Welche soziokulturellen Umstände sind für das Aufkommen neuer Verkehrsmittel verantwortlich und wie wirken sie auf die Gesellschaft zurück? Technikgeschichte einmal nicht als Geschichte des kontinuierlichen Fortschritts.

Am Anfang war das Laufrad

Wir sitzen in Eberts Büro, direkt unter dem Dach des Technischen Museums. Von hier oben lenkt und leitet sie die museale Sammlung der Fahrräder, Automobile, Motorräder und anderen Verkehrsmittel. Alte Bestände gehören bewahrt und restauriert, neue Exponate müssen zugekauft werden, um die geschichtliche Entwicklung lückenlos darstellen zu können. Auch nachfolgende Generationen sollen sich noch ein Bild von früheren und inzwischen untergegangenen Vehikeln machen können.

Am Anfang des Fahrrads steht das Laufrad. Dieses Fahrzeug wies noch keine Kurbeln und keinen Kettenantrieb auf. Der Fahrer saß rittlings auf seinem hölzernen Gefährt und stieß sich zum Vorwärtskommen mit den Fußspitzen am Boden ab – so wie es heute Kinder auf ihrem Laufrad machen. Der Name ist nicht zufällig derselbe, handelt es sich doch in beiden Fällen um das gleiche Antriebsprinzip. Der Unterschied ist nur, dass das einstige Laufrad ein Gefährt der erwachsenen Bevölkerung war, genauer gesagt: der adligen und begüterten Gesellschaft.

Laufrad

Wikimedia Commons/Gun Powder Ma

Als Erfinder des Laufrads gilt ein badischer Forstbeamter, Karl Freiherr von Drais (1785-1851). Seine Kreation, die den Beginn der Fahrradgeschichte markiert, datiert aus dem Jahr 1817. Soweit herrscht weitgehend Einigkeit unter den Historikern.

Als Grund für das Aufkommen des Fahrrads – das freilich in der Anfangszeit noch gar nicht so hieß, man sprach vielmehr vom Veloziped (lateinisch velox ‚schnell' und pes ‚Fuß') – wird gerne ein Vulkanausbruch 1815 im fernen Indonesien angeführt, zum ersten Mal wurde diese Theorie von dem Drais-Forscher Hans-Erhard Lessing in die Welt gesetzt. Aber was heißt ein Vulkanausbruch – er soll einer der größten und unheilvollsten gewesen sein, die die Menschheit je erlebt hat. 90.000 Menschen fanden den Tod, Millionen von Tonnen von Vulkanasche wurden in die Erdatmosphäre geschleudert, mit Folgen, die sich selbst am anderen Ende der Welt zeigten. So sank in Nordeuropa und Europa die Durchschnittstemperatur um mehrere Grad. 1816 ging als „Jahr ohne Sommer" in die Geschichte ein. In der gesamten westlichen Welt blieben die Ernten aus, viele Menschen fanden den Hungertod.

Das Pferd fraß den Menschen das Korn weg, das sie selbst zum Überleben bitter benötigten. In dieser Situation suchten die Menschen nach einer Alternative zum Arbeitstier Pferd. So kam das Laufrad auf, das Unabhängigkeit versprach. In dieser Sicht war es die pure Not, die die Menschen (und im Speziellen eben Freiherr von Drais) sich auf ihre eigene Muskelkraft besinnen ließ.

War das Laufrad in der Tat so etwas wie eine zielgerichtete Erfindung? Anne-Katrin Ebert hat da ihre Zweifel: „Auch wenn das Laufrad als Arbeitsalternative zum Pferd entwickelt worden sein mag, wurde es in jedem Fall nicht als solches genutzt. Genutzt wurde es vielmehr als Sportgerät und Spielzeug, und leisten konnte es sich nur eine kleine Schicht von begüterten Menschen."

Vielleicht hält sich die Version mit dem Vulkanausbruch auch nur deshalb so hartnäckig, weil sie sich fein erzählen lässt und beim Zuhörer zuverlässig Eindruck macht. Wir waren nicht dabei, als das Laufrad erfunden wurde, daher können wir nicht mit Bestimmtheit sagen, wie es wirklich war.

Spielzeug der besseren Kreise

Geschichtsschreibung ist ihrem Wesen nach auch immer ein Gutteil Spekulation bzw. Detektivarbeit. Anhand vorliegender Indizien bemühen sich Forscher um eine möglichst schlüssige Rekonstruktion vergangener Ereignisse. Dabei können sie jeweils nur zu vorläufigen Ergebnissen kommen, weil jederzeit neue Indizien auftauchen können, die wieder andere Interpretationen nahelegen.

Ebert möchte nicht ausschließen, dass am Beginn des Fahrrads einfach ein spontaner Einfall oder eine launige Eingabe des Freiherrn von Drais gestanden haben könnte. In jedem Fall benutzten die Leute das Laufrad zum vergnüglichen Zeitvertreib. Keine Spur jedweder nutzbringenden Anwendung. Auf schweren Holzrädern rollten sie durch die Gegend.

Karl Freiherr von Drais meldete seine Erfindung als Patent an, in der Folge kam es zu zahlreichen Nachbauten, in Europa und auch in Amerika. In England wurde das Laufrad unter dem Namen „Hobby Horse" in kürzester Zeit populär, ein Begriff, der einmal mehr auf den speziellen Spielcharakter dieses Gefährts verweist.

Das Technische Museum Wien besitzt ein Fabrikat des Wiener Land- und Laufmaschinenbauers Anton Burg. Es steht in der ständigen Schausammlung. Eine Laufmaschine ganz aus Holz, auch Räder und Speichen sind aus Holz. Aus heutiger Sicht nicht gerade das Ideal eines leichtgängigen Fortbewegungsmittels. Wie Ebert erklärt, unterhielt Anton Burg in Wien auch eine eigene Fahrschule, in der die Herrschaften lernten, auf diesem Gefährt das Gleichgewicht zu halten und sich in Rücksicht gegenüber dem Fußgänger zu üben.

Wie gesagt: eine Spielerei der besseren Kreise. Für den Großteil der Bevölkerung kam dieses extravagante Gerät nicht in Frage. Mehr als 70 Prozent der Bevölkerung arbeiteten in der Landwirtschaft, ein nicht geringer Teil lebte in bitterer Armut – man hatte andere Sorgen, als auf der Draisschen Laufmaschine über staubige Landstraßen zu holpern.

Laufrad

Die Tretkurbel kommt hinzu

In den folgenden 40 Jahren wurde es ruhig um die Laufmaschine, sie war bereits nahe daran, in Vergessenheit zu geraten. Dann der entscheidende nächste Schritt in der Evolution des Fahrrads: Es bekam Kurbeln.

Während das Laufrad, auch Draisine genannt, eng verknüpft ist mit einer bestimmten Person, eben mit Karl Freiherr von Drais, können für die folgenden Weiterentwicklungen nicht mehr bestimmte Personen als Wegbereiter namhaft gemacht werden.

In Frankreich und England streiten noch heute manche Leute darüber, in welchem der beiden Länder dem Vehikel erstmals Kurbeln verpasst wurden – faktisch ein bedeutungsloses, einzig von fragwürdigem Patriotismus befeuertes Geplänkel. Ende des 19. Jahrhunderts wurde jedenfalls emsig am Fahrrad herumexperimentiert, nicht nur in einem Land, sondern in mehreren. Nicht von wenigen, sondern von vielen Menschen.

Mit der Weiterentwicklung des Fahrrads verließen die Füße des Fahrers nun endgültig sicheren Boden und wurden auf Pedale gesetzt, genauer: auf eine fix mit dem Vorderrad verbundene Tretkurbel. Dieses Vorderrad war etwas größer als das Hinterrad. Das „rollende Gehen" hatte ein Ende, das Fahren begann. Ein Beispiel für die neuartige Konstruktion ist die Michauline, benannt nach dem französischen Wagenbauer Pierre Michaux (1813 – 1883), der seine Erfindung auf der Pariser Weltausstellung 1867 präsentierte und dort großes Aufsehen erregte. Sein Gefährt war aus Eisen, nicht mehr aus Holz.

Vélocipède Michaux

Technisches Museum Wien/Peter Sedlaczek

In den folgenden Jahren sollte Stahl das beherrschende Material im Fahrradbau werden und damit England zur Fahrrad-Hochburg aufsteigen, weil hier die Stahl-Technologie am weitesten fortgeschritten war. Eine Stadt ist in diesem Zusammenhang besonders hervorzuheben: Coventry, das Zentrum der englischen Stahlindustrie – und bald darauf auch des Fahrradbaus.

Der neuartige Werkstoff Stahl machte das Fahrrad leichter und zugleich stabiler. Hinzu kam eine weitere ebenso unscheinbare wie entscheidende Innovation: Die klobigen Radialspeichen wurden durch dünne Tangentialspeichen ersetzt, zarte Anfänge von Leichtbau. Dabei machte man sich Erkenntnisse aus dem Brückenbau zunutze.

Das Fahrrad geht in die Höhe

Die weitere Entwicklung zeigte buchstäblich nach oben. 1875 kam das Hochrad auf, das in England so alltäglich wurde, dass man es dort „das Gewöhnliche" („the ordinary") nannte. Vorne ein großes Rad, hinten ein kleines. Die Grundidee: Ein größeres Vorderrad bringt höhere Geschwindigkeit, denn mit einer Kurbelumdrehung ist genau eine Umdrehung des Rades zu erzielen. Von Übersetzungen war noch keine

Schwieriger Aufstieg

„Er (der Experte) sagte, dass das Absteigen die vielleicht schwierigste Sache der Welt sei, deshalb würden wir uns das bis zum Schluss aufsparen. Da hatte er sich aber getäuscht. Zu seiner freudigen Überraschung brauchte er mich nur auf der Maschine zum Rollen zu bringen und aus dem Weg zu gehen, und schon kam ich von alleine herunter. Obgleich ich doch völlig unerfahren war, stieg ich in Rekordzeit ab. Er befand sich just auf jener Seite, um die Maschine anzuschieben; krachend gingen wir alle zu Boden – er zuunterst, dann ich und obenauf die Maschine."

Mark Twain in seiner humoristischen Skizze „Wie man das Hochrad zähmt"

Morphart Creation/Shutterstock.com

Rede, Geschwindigkeiten von 20 bis 25 km/h waren nun möglich. Die Vorderräder wuchsen bis 150 Zentimeter im Durchmesser, die Hinterräder zu reinen Stützrädern degradiert.

Der Aufstieg verlangte vom Hochrad-Fahrer einiges akrobatisches Geschick. Er hatte sich mit einem beherzten Sprung in die Höhe zu katapultieren. Schaffte er es in den Sattel, enthoben den Niederungen des Alltags, konnte ihn leicht ein Gefühl seliger Erhabenheit ergreifen. Von oben blickte er auf das gewöhnliche Leben hinab.

Das bevorzugte Terrain für Ausfahrten mit dem Hochrad war der Park, erstens weil hier die Wege in meist ordentlichem Zustand waren, zweitens weil man hier unter Seinesgleichen war. Man fuhr, um zu sehen und gesehen zu werden. Das Hochrad wies seinen Besitzer als Mitglied einer elitären Schicht aus. Nur Vermögende konnten sich dieses Luxusgerät leisten, sein Preis entsprach dem durchschnittlichen Jahreseinkommen eines Arbeiters. Mit dem Hochrad vermochte man Aufsehen zu erregen, so wie heute vielleicht mit einem nagelneuen Mercedes.

Riskante Spielerei

Das Hochrad war eine exklusive Spielerei – und eine nicht ungefährliche. Der Bicyclist saß in luftiger Höhe von etwa 1,4 Metern über dem Boden, ganz knapp hinter der Kippachse des direkt mit Kurbeln angetriebenen Vorderrads. „Das Hochrad kippte leicht um, nicht zur Seite, wie wir annehmen könnten, sondern nach vorne", sagt Ebert. „Eine starke Bremsung oder eine Unebenheit auf dem Weg, beispielsweise eine Wurzel, konnte genügen, damit es zum berüchtigten Header kam, zum Kopfsturz nach vorne, der einen Genickbruch zur Folge haben konnte. Hochradfahren war riskant, wir dürfen annehmen, dass die Fahrer, so wie heutzutage Skater, nicht zuletzt gerade diesen Kick suchten."

Das Hochrad war das Gefährt des urbanen Bürgertums, in Paris, London, Berlin und Wien. Lautlos kam es daher und mitunter dem Fußgänger plötzlich in die Quere. Die Geschichte des Fahrrads ist auch eine Geschichte der steten Anfeindungen. In Wien wurde in den 1870er-Jahren eine polizeiliche Verordnung erlassen, die das Befahren sämtlicher Straßen mit diesem Gefährt untersagte. Mit einer neuen Radfahrordnung wurden 1885 zwar einige Straßen der Stadt für den Radverkehr wieder freigegeben, gleichzeitig wurden allerdings Nummerntafeln und Fahrprüfungen eingeführt.

Das mit eigener Muskelkraft angetriebene Verkehrsmittel eröffnete plötzlich Optionen, die uns heute gewöhnlich erscheinen, aber in der damaligen Zeit revolutionär anmuteten. Man konnte mit dem Gefährt Ausflüge machen, aufs Land, in die Natur, raus aus der Stadt, wo die Luft infolge der zunehmenden Industrialisierung immer schlechter wurde. Man lernte die Umgebung kennen.

Hugo von Hofmannsthal schrieb damals an seinen Dichterkollegen Arthur Schnitzler: „Das Radfahren macht mir eine große Freude: Es ist wunderschön, ein bissel ermüdet und erhitzt sich irgendwo still hinzu-

Pöbeleien gegen Radfahrer

„Welchem Radfahrer begegnet es nicht jeden Tag, besonders wenn er durch sozialdemokratisch angehauchte Vororte größerer Städte fährt, dass ungezogene Rangen vor seinem Rade herumtanzen, Steine und Ruten nach ihm werden, ihn ankrakehlen und dergleichen mehr. Und häufig bleiben manche der Erwachsenen solcher Ortschaften, wenn sie an Sonn- oder Feiertagen unbeschäftigt vor den Türen stehen, hinter solchen Ungezogenheiten nicht zurück", klagt ein Zeitgenosse. (Wolf 1890)

Antonio Abignani/Shutterstock.com

setzen und über die Sträuche, die Wiesen und die Hügel hinzuschauen, und abends ist es sogar wunderschön, in den Straßen der Vorstädte zu fahren."

Allerdings waren in den Dörfern die Ausflügler nicht immer willkommen. Dort, wo körperlich schwer gearbeitet wurde, hatte man wenig Verständnis für die Lustbarkeiten der vornehmen Bürger. „Wir kennen viele Geschichten, dass Radfahrer, die einen Ausflug aufs Land machten, böse Überraschungen erlebten. Kinder warfen ihnen Stecken in die Speichen und Fuhrleute ließen ihre Peitsche auf ihnen niedergehen", erzählt Ebert. Die Radfahrer trafen häufig auf Widerstand, ja Feindseligkeit, in der Stadt wie auf dem Land. Daraus zogen sie die Konsequenz: Sie begannen sich in Klubs und Verbänden zu organisieren. 1886 existierten in Österreich-Ungarn 120 Radklubs mit insgesamt etwa 1500 Mitgliedern.

Etwa zur gleichen Zeit wie das Hochrad kam auch das Dreirad auf, nicht das Kinderfahrrad, das wir heute unter diesem Namen kennen. Sondern ein Vehikel für Erwachsene, mit einem Rad vorne und zwei Rädern hinten. Gegenüber dem Hochrad die sicherere und stabilere Variante. Das Technische Museum besitzt eines in Tandem-Ausführung. Ebert erklärt seine Nutzung: „Wir sind es gewohnt, dass heute auf einem Tandem der Mann vorne sitzt und die Frau hinten. Vor hundert Jahren war das genau umgekehrt. Es gehörte sich nicht, der Dame die Rückenansicht zu bieten. Hinzu kam, dass der Herr seine Dame bei Ausfahrten gerne präsentierte."

Technisches Museum Wien/Peter Sedlaczek

Tandem Dreirad

Unabhängigkeit, Freiheit, Mobilität

In größeren Städten konnten Tandems ausgeliehen werden. Viele etablierte Radfahrer sahen das mit gemischten Gefühlen. Einerseits fürchteten sie um die Exklusivität ihres Zirkels, andererseits lag es in ihrem Interesse, dass sich die Idee des Radfahrens verbreitete und sein praktischer Nutzen erkannt wurde.

Der praktische Nutzen: Das Fahrrad verschaffte dem Menschen Unabhängigkeit, Freiheit, Mobilität, alles Werte, die heute hoch im Kurs stehen und damals gerade entdeckt wurden. Distanzen, die bislang als unüberbrückbar galten, ließen sich nun problemlos bewältigen.

Oft wird die Frage gestellt, wieso etwas so Einfaches wie das Fahrrad erst relativ spät aufkam. Eine Antwort lautet, dass sich die Menschen einfach nicht vorstellen konnten, dass man auf einem Gefährt mit zwei linear hintereinander angeordneten Rädern die Balance halten kann. Eine andere Antwort lautet, dass erst die Verwurzelung des Menschen in Familie und Religion überwunden werden und der Drang nach Unabhängigkeit aufkommen musste, damit die Zeit reif war für ein Vehikel, das genau diese Sehnsüchte befriedigte.

Über Jahrhunderte, ja Jahrtausende war das Pferd das schnellste Verkehrsmittel auf der Straße. Nun wurde es vom Fahrrad überflügelt. Dieses avancierte, was im Allgemeinen viel zu wenig beachtet wird, damals zum schnellsten Fortbewegungsmittel.

Für Ebert hängt das Aufkommen des Fahrrads eng mit dem Aufkommen der Eisenbahn und der Entdeckung der Geschwindigkeit im 19. Jahrhundert zusammen. Die Dampflok eröffnete dem Menschen erstmals die Möglichkeit, schnell von A nach B zu kommen, so schnell wie nie zuvor. Wobei „schnell" eine Geschwindigkeit von etwa 30 km/h bedeutete. Damals eine eminente Geschwindigkeitssteigerung gegenüber der Kutsche.

Ein rasanter Wandel hatte die Zeit erfasst. Wie Ebert sagt, waren die Menschen regelrecht vom „Rausch der Geschwindigkeit" ergriffen. Mit Aufkommen der Bahn wurden Zeitpunkt der Abreise und Ankunft erstmals genau festgelegt – bis dahin konnten Reisende, in der Postkutsche unterwegs, nie wissen, wann genau sie ankommen würden.

Das Fahrrad: Entscheidendes Mittel zur Emanzipation der Frau

Schon die ganze Zeit sprechen wir nur vom Radfahrer. Tatsächlich blieben im 19. Jahrhundert Radfahrerinnen in der Minderheit, allein schon wegen der finanziellen Hürde. Nur Damen aus sogenanntem besseren Haus konnten sich ein Fahrrad leisten. Doch gerade für diese Damen geziemte es sich, zu Hause zu bleiben, Klavier zu spielen und nicht allzu anstrengenden häuslichen Tätigkeiten nachzugehen, kurz: sich nicht zu überanstrengen. Die weibliche Konstitution vertrug, nach Meinung der Mediziner, nur ein geringes Maß an sportlicher Betätigung. Hinzu kam, dass die Dame einen Rock zu tragen hatte, einen bodenlangen und zudem aufgrund der obligatorischen zwei Unterröcke und Unterbeinkleider reichlich schweren (12 bis 15 kg), der fürs Radfahren denkbar ungeeignet war.

Um einerseits den Geboten der Sittsamkeit und Schicklichkeit zu genügen und andererseits der Dame trotzdem ein paar Runden – nur nicht allzu viele! – auf dem Rade zu ermöglichen, wurden spezielle Damenräder entwickelt, die allerdings in qualitativer Hinsicht weit hinter den Herrenrädern zurückblieben und sich nicht wirklich durchsetzen konnten.

Einige Frauen wollten sich nicht von gängigen Geschlechterklischees das Radfahren nehmen lassen. Sie zogen sich kürzere Röcke an, ganz Wagemutige auch Plumphosen, und schwangen sich auf den Sattel. Ihre Ausfahrten waren oft genug der reine Spießrutenlauf. Am Wegesrand echauffierten sich die um Sittlichkeit besorgten Bürger. Die Berliner Radpionierin Amalie Rother berichtet von einem Radausflug im Jahr 1890: „Wir ließen uns zunächst die Räder nach auswärts bringen und radelten auf stillen Waldchausseen, von den vereinzelten Passanten teils mit Hohngelächter und Bemerkungen unzweideutigster Art begrüßt. Dann wagten wir es, in frühester Morgendämmerung die Stadt zu durchfahren, und endlich wurde auch eines schönen Nachmittags vom Blücherplatz aus gestartet. Sofort sammelten sich Hunderte von Menschen, eine Herde von Straßenjungen schickte sich zum Mitrennen an, Bemerkungen liebenswertester Art fielen in Haufen, kurz, die Sache war das reinste Spießrutenlaufen, so dass man sich immer wieder fragte, ob das Radfahren denn wirklich alle die Scheußlichkeiten aufwöge, denen man ausgesetzt war. Eigentümlich war dabei, dass am rüdesten und gemeinsten sich nicht die unterste Volksklasse benahm, sondern der Pöbel mit den Glacéhandschuhen." (zitiert in Salvisberg 1897)

Die Radfahrerin brach mit überlieferten Normvorstellungen: Sie begnügte sich nicht mit ihrer passiven Rolle an der Seite des Mannes, sondern sie zeigte selber Initiative, wurde aktiv. Bewegte sich, strengte sich gar an. Wählte Kleidung, die jenseits des Sittenkodex einfach praktisch war. Machte mit Männern gemeinsame Ausflüge – als gleichberechtigte Partner. Kurz: Das Fahrrad führte Frauen aus der Enge des Hauses an die frische Luft, aus der Stadt heraus auf das Land und in die Natur. Regeln der Ästhetik und des Anstands, der Schicklichkeit und Weiblichkeit ließen sie hinter sich.

Kein Wunder, dass die österreichische Frauenrechtlerin Rosa Mayreder in ihrer Schrift „Zur Kritik der Weiblichkeit" zu der Ansicht gelangte, dass das Bicycle mehr zur Emanzipation der Frau aus den höheren Gesellschaftsschichten beigetragen habe als alle Bestrebungen der Frauenbewegung zusammen.

Die ersten Fahrgastgarnituren waren gepolstert und plüschig, es galt, die Maschine, den stählernen und fauchenden Koloss, vergessen zu machen und intime Atmosphäre sowie Geborgenheit zu suggerieren. Was dem Fahrgast allerdings nicht genommen werden konnte, war ein Gefühl von Fremdbestimmung. Er wurde gerade so wie Gepäckstück befördert, in einem Abteil, das er zudem mit anderen (meist fremden) Leuten teilen musste.

Von diesem Manko profitierte das Fahrrad. Es empfahl sich als Alternative und Ergänzung zur Eisenbahn. Der Radfahrer war im Vergleich zum Bahnreisenden ein freier Mensch. Er selbst und niemand anderes bestimmte über Abfahrt und Ziel seiner Reise. Und wenn er eine Pause machen wollte, blieb er einfach stehen.

Kurz: Der Radfahrer war sein eigener Herr. Und so auch die Rad fahrende Frau. Es gibt Stimmen, die sagen, nichts hätte zur Emanzipation der Frau mehr beigetragen als das Fahrrad. Denn dieses Verkehrsmittel war es, das der Dame im Fin de Siècle die Möglichkeit eröffnete, ihren angestammten Platz an der Seite ihres Gemahls zumindest temporär zu verlassen und Ausflüge auf eigene Faust zu unternehmen.

Geteilter Rock
(Fressel 1897)

Geburtsstunde des heutigen Fahrrads

Wie Anne-Katrin Ebert betont, ist der große emanzipatorische Wert des Fahrrads ein zweifacher: Erst für die Frau, dann für die breite Bevölkerung. 1890 kam das sogenannte Niederrad auf, jenes konstruktive Prinzip, das auch heute noch das „normale" Fahrrad repräsentiert. Mit dem Niederrad begann das zweirädrige Gefährt allmählich zur Massenware zu werden, nicht länger einer kleinen Elite vorbehalten.

Merkmale des Niederrads: Vorder- und Hinterrad waren nun gleich groß, und der Antrieb erfolgte über eine Kette. Man sprach auch vom „Safety", dem sicheren Rad. Kopfüber-Stürze waren nicht länger zu befürchten. Weitere Innovation: Der bis dahin übliche Vollgummireifen wurde durch den Luftreifen ersetzt, sein Erfinder war der britische Tierarzt John Boyd Dunlop (1840 – 1921). Der Fahrer wurde fortan weniger durchgerüttelt und konnte obendrein höhere Geschwindigkeiten erzielen, ein Argument, das allmählich auch den Widerstand eingeschworener Hochradfahrer überwand.

Niederrad Styria

Steyr Waffenrad

Aus dem Luxusgut Fahrrad war ein industriell gefertigtes Serienprodukt geworden. Nicht nur die Personenbeförderung, auch der Transport von Lasten per Rad war bald weit verbreitet, Geschäftsleute benutzten Lastenräder für Transporte, Zeitungsboten fuhren damit ihre Gazetten aus, Bäckerjungen das Brot, der Plakatkleber kam mit dem Fahrrad, auch öffentliche Institutionen stiegen bald auf Räder um. Die Post verwendete sie im Zustelldienst, und sogar die Feuerwehr kam zu den Bränden mit dem Lösch-Radfahrzeug.

Der Arbeiter legte seinen Weg in die Fabrik mit dem Rad zurück, was wiederum Auswirkungen auf das urbane Gefüge hatte: Wohnung und Arbeitsplatz mussten nicht länger nah beieinander liegen.

Die goldene Dekade des Fahrrads

Die 1890er Jahre gelten heute als die goldene Dekade des Fahrrads. Das aus eigener Kraft angetriebene Vehikel beherrschte die Medien. Ebert: „Zeitungsartikel in Deutschland und den Niederlanden, aber auch in Frankreich, England und den USA sprachen von einem ‚Siegeszug des Fahrrads', einer ‚wielermanie' bzw. der ‚cyclomania', dem

‚bicycle craze' und der ‚mode de la bicyclette', die um sich gegriffen habe." Neueste Fahrradmodelle wurden vorgestellt, Modefragen diskutiert.

Um 1900 entsprach der Preis eines Fahrrads etwa dem monatlichen Durchschnittseinkommen eines Arbeiters. In Österreich war es gerade ein Waffenproduzent, der in die Fahrradproduktion einstieg: Die „Österreichische Waffenfabriks-Gesellschaft" (ÖWG) im oberösterreichischen Steyr stellte das berühmte Waffenrad her. Dieses Rad war keineswegs für den Kriegseinsatz gemacht, führte auch keine Waffe mit sich, das Unternehmen wollte nur mit seinem guten Namen werben. Um 1899 bezeichneten Fachjournalisten Graz als das „österreichische Coventry", hatten doch große Fahrradfabriken mit den damals wohlbekannten Namen Meteor, Styria, Puch-Rad, Graziosa und Noricum hier ihren Ursprungsort.

Der Kritiker-Papst auf dem Drahtesel

Selbst einen Papst habe ich schon auf dem Radweg überholt. Natürlich nicht den Heiligen Vater, sondern einen Kritiker-Papst. Seit meiner Schulzeit verkörpert er die Liebe zur Hochkultur: Joachim Kaiser. Man muss ihm nur zwei Takte aus einer Partitur zeigen, und er kann den Komponisten, das Werk, den Satz und die genaue Stelle nennen. Wahnsinn! Das ist Hochkultur! Auf dem Radweg an der Leopoldstraße, Richtung Münchner Freiheit, habe ich ihn zunächst unbemerkt überholt. Dann das Aha-Erlebnis: Das ist doch ... An der nächsten Ampel: „Hallo, wie geht`s?" Der in sich versunkene und dennoch korrekt fahrende Radler (das ist Hochkultur!) schiebt sein Rad mit dicker Aktenmappe auf dem Gepäckträger auf den Bürgersteig und erzählt die komplette Geschichte der Gruppe 47, die anlässlich ihres 50. Geburtstags in der Ausgabe des morgigen Tages erscheinen soll (Radler wissen früher Bescheid!). Weil ich die Gruppe 47 schon kannte und über Partituren nicht zu reden wagte, bewunderte ich seine Verkehrsmittelwahl: Der Kritiker-Papst auf dem Drahtesel. Daraufhin meinte er mit unerwarteter Schärfe, die ansonsten nur nach total misslungenen Klavierabenden zu fürchten ist: „Wer mit dem Auto in die Stadt fährt, muss ein Idiot sein." (Ude 2005)

Wikimedia Commons/Magnus Manske

Oldtimer sind wieder begehrt ...

In dem Maße, wie sich das Fahrrad verbreitete, verlor es auch seinen exklusiven Charakter. Zugleich erwuchs ihm ein ernsthafter Konkurrent: das Automobil. Als Geburtsstunde des Automobils gilt Carl Benz' (1844 – 1929) Anmeldung seines Motorwagens zum Patent am 29. Januar 1886. Es war anfangs nur vermögenden Menschen vorbehalten und empfahl sich damit als neues Prestigeobjekt. „Die neue Technologie schickte sich an, die Rolle des Fahrrads als fortschrittliches, zukunftsweisendes, exklusives und abenteuerliches Fortbewegungsmittel zu übernehmen", sagt Ebert.

Heute, etwa hundert Jahre später, holt das Fahrrad wieder auf. Als Alternative zum Auto, das hilflos im Stau steckt. Als Sportgerät, das dem Herzinfarkt vorbeugt. Als günstiges Gefährt, das ohne Sprit auskommt. Und, neueste Entwicklung, als schickes Accessoire, mit dem man zugleich Stil und Umweltbewusstsein demonstrieren kann. Nicht zuletzt die Bürgermeister von London, München und Rom outen sich als überzeugte Radfahrer.

Aufbau und Funktionsweise des Fahrrads

„Bei keiner anderen Erfindung ist das Nützliche mit
dem Angenehmen so innig verbunden wie beim Fahrrad.“
Adam Opel (1837 – 1895), Gründer der Firma Opel

Sattel
Sattelklemme
Sattelstütze
Gepäckträger
Rückstrahler/Rücklicht
Schnellspanner
Hintere Bremse
www.pd-f.de/koga.com
Sitzstreben
Sitzrohr
Oberrohr
Unterrohr
Bremshebel
Bremszüge
Schaltzüge
Steuersatz
Steuerrohr
Scheinwerfer/Rückstrahler
Vordere Bremse
Umwerfer
Kettenblätter
Tretlager
hintere Ausfall-Enden
Radmuttern
Ritzelpaket
Schaltzug
Schaltwerk
Gabel
vordere Ausfall-Enden
Nabe
Gepäckträger
Speiche
Felge
Kette
Kurbel
Pedal
Kettenstreben
seitliche Rückstrahler

Die Seele eines Fahrrads: Der Rahmen

Das Fahrrad besitzt die perfekte, endgültige Form. Zu diesem Ergebnis muss jedenfalls kommen, wer die Entwicklung dieses Gefährts vom Ende des 19. Jahrhunderts bis heute betrachtet. Während das Auto oder das Flugzeug heute ganz anders als vor hundert Jahren aussieht, hat sich das Fahrrad seit Aufkommen des Niederrads kaum verändert.

Die gleiche Form. Der Rahmen präsentiert sich so wie einst. Und wenn wir von Rahmen sprechen, so meinen wir den Klassiker, den Diamantrahmen, abgeleitet vom englischen „diamond", das mit Diamant, aber auch Raute oder Rhombus zu übersetzen ist.

Etwas Besseres kommt augenscheinlich nicht nach. Änderungen und Verbesserungen in Details gab und gibt es immer wieder, doch als Herz, Rückgrat und Gerüst des Fahrrads behauptet sich eisern diese geometrische Figur, die hinten aus einem Dreieck (aus Sattelrohr, Sattelstreben und Kettenstreben) und vorne aus einem ungleichen Viereck (aus Sattelrohr, Ober- und Unterrohr und Steuerrohr) besteht.

Diese Konstanz über ein Jahrhundert hinweg, schreibt Robert Penn in seinem lesenswerten Buch „Traumrad", mag einer der Gründe sein, wieso wir das Radfahren als etwas so Elementares betrachten und warum in der Freude, die uns das Radfahren bereitet, ein Gefühl klassischer Mäßigung liegt.

Ob Rennrad oder Mountainbike, Kinderrad oder Cruiser: so unterschiedlich die Fahrradtypen, so universal der Diamantrahmen. Diese Struktur garantiert maximale Stabilität bei minimalem Materialeinsatz. Und darum geht es schließlich in erster Linie: Der Rahmen hat die Betriebstüchtigkeit des Fahrrads unter Gewichtseinwirkung von Fahrer und allem, was der möglicherweise auf seinem Gepäckträger mit sich führt, aufrechtzuerhalten. Selbst wenn der Fahrer ein Zwei-Zentner-Mann ist, das Fahrrad darf nicht in sich zusammensacken. Und während der Fahrt auch nicht zu „flattern" beginnen.

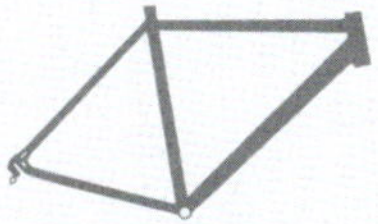

Diamantrahmen

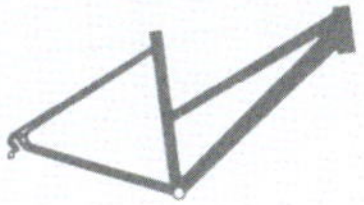

Trapezrahmen

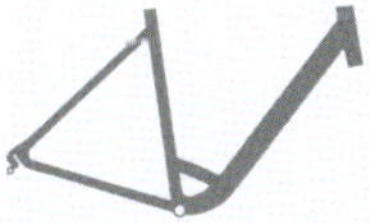

Waverahmen

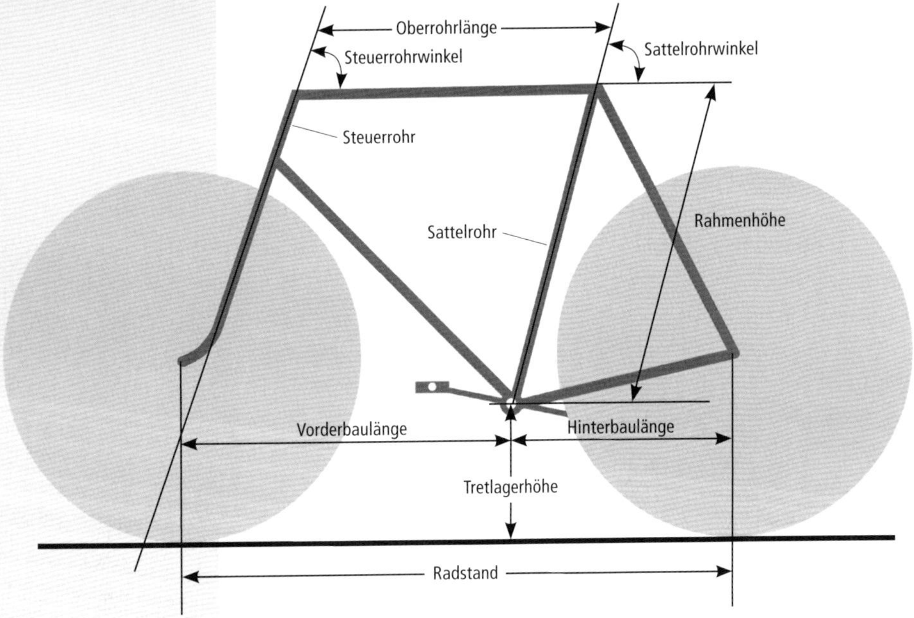

Nun wirken auf den Rahmen nicht nur Kräfte von oben, sondern auch von unten ein, dann etwa, wenn der Fahrer durch ein Schlagloch fährt. In diesem Fall kommt zu der konstanten eine dynamische, nämlich plötzlich auftretende Kraft hinzu, in Form eines Stoßes. Dazu gesellen können sich von der Seite einwirkende Kräfte, wenn der Fahrer etwa stehend, also unter Zuhilfenahme seines gesamten Körpergewichts, in die Pedale tritt und dazu sein Vehikel abwechselnd in die eine und die andere Schräge bringt (Wiegetritt).

Alternativen zum üblichen Aluminium

Ein Fahrradrahmen hat also, das sollte deutlich geworden sein, einiges auszuhalten. Traditionell wird er aus Stahl gefertigt, ein Material, das heute wie ehedem ob seiner Elastizität und Langlebigkeit hoch geschätzt wird. Es neigt nicht wie Aluminium, aus dem heute die meisten Alltagsräder gefertigt werden, zu sogenanntem Sprungausfall, also plötzlichem Versagen ohne Vorankündigung.

Profirennfahrer setzen insbesondere auf Karbon (Kohlefaser) – der leichteste (und in der Regel auch teuerste) Werkstoff, der bislang für den Rahmenbau entdeckt wurde. Die meisten Alltagsräder werden heute indes aus Aluminium gefertigt.

Die einzelnen Rohre des Fahrradrahmens sind mitunter unterschiedlich dimensioniert, je nachdem, welchen Kräften sie standzuhalten haben. Und manche haben an den Endstellen größere Wandstärken als im Mittelteil. Solche für das bloße Auge meist kaum erkennbaren Details sind es häufig, die den Unterschied zwischen Massenware und höherwertigem Produkt ausmachen. Straßenrennräder weisen bisweilen tragflügelförmige, ovalisierte oder gar geschwungene Rohre auf.

Heute werden die Rohre üblicherweise miteinander verschweißt. Bis in die 1970er-Jahre wurden sie gelötet, das heißt mit Stahlmuffen verbunden, einer Art Steckverbindung, die über die Rohrenden gestülpt wurde.

Fahrradbauer legten ihren ganzen Ehrgeiz darein, ebenso robuste wie ästhetisch ansprechende Muffen herzustellen – sie galten mehr oder weniger als Ausweis ihrer handwerklichen Meisterschaft. Liebhaber älterer Fahrräder richten denn auch ihren Blick insbesondere auf dieses Detail. Die Wahl eines gemufften Rahmens ist inzwischen im Grunde eine ästhetische Entscheidung, für die man meist auch ein bisschen tiefer in die Tasche greifen muss.

Schon Ende des 19. Jahrhunderts wurde zwischen Damen- und Herrenrädern unterschieden. Beim Damenrad fehlt das obere Rohr entweder ganz oder es ist nach unten verlegt, zur Stütze des Unterrohrs. Dieses Rad bietet einen tiefen Durchstieg. Seit auch Männer, vor allem ältere, diese konstruktive Variante durchaus zu schätzen wissen, ist die geschlechterspezifische Klassifizierung eigentlich obsolet.

Ob mit oder ohne tiefen Durchstieg – der Rahmen muss die richtige Größe haben! Die Maschine Fahrrad muss sich dem Menschen anpassen – und nicht umgekehrt. Größere Fahrradhersteller bieten üblicherweise ein Modell in fünf bis acht verschiedenen Größen an. Diese Variationsbreite wird kaum der großen Verschiedenartigkeit der Menschen gerecht. Wer es sich leisten kann, lässt sich daher einen Rahmen ganz nach seinen individuellen Körpermaßen fertigen. Gleich einem Maßanzug. Freilich werden die Fahrradbauer, die

Verlängerter Radstand

Verkürzter Radstand

Langer Vorderbau

Langer Hinterbau

solche Aufträge übernehmen, immer weniger. Und billig ist die Sache ohnehin nicht. Für die große Mehrheit gilt daher, einen Rahmen zu finden, der dem Ideal zumindest nahe kommt, einem Fahrrad nämlich, das ein Höchstmaß an Bequemlichkeit, Kontrolle und Effizienz verspricht – mehr dazu im Kapitel Fahrradkauf.

Eine Form für unterschiedliche Anforderungen

Nehmen wir als Beispiel das Hollandfahrrad. Auf ihm sitzt der Fahrer aufrecht, die Enden des Lenkers weisen zu ihm hin. Anders beim Mountainbike: Hier nimmt der Fahrer eine nach vorne gebeugte Haltung ein, sein Lenker geht in die Breite. Das eine wie das andere Rad weist in der Regel einen Diamantrahmen auf. Beim Mountainbike sind die Rohre üblicherweise nicht nur um einiges dicker als beim Hollandrad – schließlich geht es buchstäblich über Stock und Bordstein –, sie sind auch in einem anderen Winkel miteinander verbunden, was freilich erst bei genauerem Hinsehen (oder Abmessen) auffällt.

Und damit sind wir bei einer weiteren wichtigen Funktion des Rahmens: Seine spezifische Form, seine Geometrie, bestimmt weitgehend das Fahrverhalten des Fahrrads. Schon die Abweichung um wenige Grad kann einen großen Unterschied ausmachen. Das darf aber nicht verwundern. Schließlich muss die eine Form, der Diamantrahmen, ganz unterschiedlichen Anforderungen genügen.

Leicht und robust: Das Laufrad

Wenn Sie das nächste Mal wieder einen Western im Fernsehen sehen, achten Sie doch einmal auf die Kutschenräder. Auf den ersten Blick scheint kein großer Unterschied zu den Laufrädern eines Fahrrads zu bestehen.

Sowohl die Kutschen- wie auch die Laufräder sind rund, beide drehen sich, und beide erfüllen eine fundamentale Funktion: Sie tragen das Gewicht von Fahrzeug und Fahrer und bewerkstelligen das Vorankommen. Allerdings: Das Rad der Kutsche ist schwer und klobig, das des Fahrrads leicht und filigran. Tangential- und Radialspeiche, das ist der Unterschied.

Während die Tangentialspeiche direkt auf den Mittelpunkt des Rads, die Achse, zielt, führt die Radialspeiche knapp daran vorbei. Ein kleiner Unterschied mit weitreichenden Folgen: Bei der Kutsche ist es jeweils die unten auf den Boden treffende Speiche, die alles Gewicht zu tragen hat, beim Fahrrad tut dies hauptsächlich ein Kollektiv mehrerer nach oben weisender Speichen.

Anfangs waren die Laufräder des Fahrrads – bzw. Velozipeds, wie es damals hieß – ganz in der Tradition der Kutschenräder gebaut worden, doch dann kam das sogenannte Drahtspeichenrad auf. An die Stelle der wenigen, notwendigerweise massiv gebauten Holzspeichen trat ein Geflecht mehrerer dünner, sich zudem überkreuzender Drahtspeichen getreten. Mit einem Wort: Das Rad wurde nicht länger auf Druck, sondern fortan auf Zug gespeicht. Eine filigrane Konstruktion, die Gewaltiges zu leisten vermag.

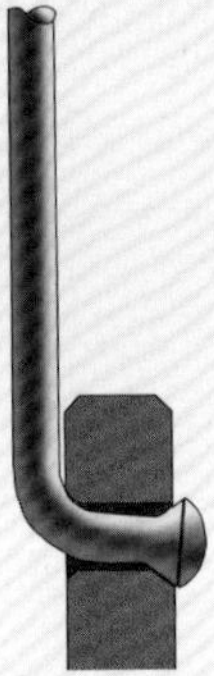

Speichenschwachpunkt Bogen

Hohlkammerfelge

Tropfenfelge

Aufbau des Laufrads

Das Laufrad besteht aus diesen drei Komponenten: Nabe, Felge und Speichen. Wie eine Spinne in ihrem Netz hängt die Nabe in der Mitte. Gehalten wird sie durch Speichen, die außen mittels Schraubnippel mit der Felge verbunden sind.

Schauen wir uns dieses Laufrad etwas genauer an, schließlich ist es ein, wenn nicht das zentrale Element des Fahrrads. Wir können es uns ohne Gangschaltung und ohne Freilauf vorstellen, nicht jedoch ohne (zumindest) ein Laufrad vorne und hinten. Aus gutem Grund nennt es der Engländer denn auch bicycle, der Franzose bicyclette und der Italiener bicicletta – sie alle reden vom „Zweirad".

Im Normalfall hat das Laufrad 36 Speichen. Rennräder können weniger haben, Tourenräder mehr. Mehr Speichen bedeuten in der Regel größere Stabilität – aber auch mehr Gewicht. Da muss jeder den für ihn passenden Kompromiss finden. Die Speichen bestehen in der Regel aus rostfreiem Stahldraht. Doch für gehobene Ansprüche gibt es auch Titan- oder Kohlefaserspeichen. Sie sind um einige Gramm leichter und, wenn zudem oval, auch windschlüpfiger.

Die Speichen werden mit Hülsenmuttern, sogenannten Nippeln, an der Felge befestigt und sind so zu spannen, dass sie weder zu locker noch zu fest sitzen. Ziel der Bemühungen – Fachausdruck: der Vorspannung – ist ein exakter Rundlauf des Rads. Während der Fahrt werden die Speichen periodisch abwechselnd belastet und entlastet. Zur Stabilität des gesamten Systems trägt eine möglichst biegefeste Felge bei.

Angesichts der hohen Belastung nimmt es nicht Wunder, dass Speichen hin und wieder reißen, meist an jener Stelle nahe der Nabe, wo sie, eingehängt, einen Bogen machen, das ist eindeutig ihre Schwachstelle. Im Bogenbereich verlaufen die Speichenkräfte nämlich um die Ecke. Ein Speichenbruch passiert häufiger am hinteren als vorderen Rad, aus dem einfachen Grund, weil hinten der Antrieb erfolgt, dort also zusätzlich Torsionskräfte am Werke sind. Der Bruch einer Speiche muss nicht heißen, dass nun gar nichts mehr geht. Meist kann die Fahrt fortgesetzt werden. Das Gesamtsystem ist nämlich üblicherweise in der Lage, den Ausfall eines Teils, sprich einer Speiche, aufzufangen, zumindest vorläufig und um den Preis, dass das Laufrad

Ungewohnte Geräusche?

Laufen die Radlager rau und machen sie Knirschgeräusche? Dann ist es höchste Zeit, sie zu zerlegen, zu reinigen und neu zu schmieren. Wenn Sie sich diese Arbeit nicht zutrauen, suchen Sie besser eine Fahrradwerkstatt auf.

nun nicht mehr schön mittig läuft, sondern einen „Schlag" aufweist. In jedem Fall gilt, dass der Schaden möglichst bald zu beheben ist.

Wenn Sie eine neue Speiche einziehen, wechseln Sie, wenn Sie schon dabei sind, sicherheitshalber auch die Nachbarspeichen aus. Es kann nämlich sein, dass die infolge der Mehrbelastung Mikroschäden davongetragen haben, Schäden, die dem bloßen Auge verborgen bleiben. Das Einspeichen ist Arbeit für eine Fachkraft. Doch vielleicht wollen Sie es einmal selbst probieren. Dann sollten Sie folgende Schritte beachten:

- Erstens: In Länge und Material müssen die neuen Speichen den alten gleichen.
- Zweitens: Schlauch und Mantel vom Rad nehmen, damit Sie gut zu den Öffnungen in der Felge kommen, durch die die Speichen eingezogen werden.
- Drittens: Üblich ist eine 3-fache Kreuzung der Speichen. Klingt kompliziert, ist es auch. Schauen Sie sich das Prinzip am besten am intakten anderen Laufrad an.
- Viertens: Spannung der eingezogenen Speiche mit Gefühl dosieren. Manchmal macht den Unterschied zwischen zu leicht und zu stark eine halbe Umdrehung mit dem sogenannten Speichenschlüssel aus.
- Fünftens: Alle Bemühung zielt darauf ab, dass das Rad wieder schön rund läuft. Weist es einen Seitenschlag auf, beispielsweise nach rechts, so an der betreffenden Stelle die Speichen auf der rechten Seite etwas lockern und auf der gegenüberliegenden Seite etwas anziehen. Immer schön vorsichtig, immer mit kleinen Teilumdrehungen. Meist sind mehrere Versuche nötig, bis Sie das richtige Maß gefunden haben und das Rad, so der Fachausdruck, zentriert ist.

Wenn ein Patschen passiert

Das gegenüber dem Speichenbruch weit häufigere Malheur ist der „Patschen". Ein Loch ist im Schlauch, und die Luft ist entwichen. In diesem Fall ist vom Weiterfahren abzuraten. Wer es trotzdem macht, kann leicht die Felge ruinieren, seinem Rad also weit größeren Schaden zufügen. Allenfalls könnte er auf diesem Weg eine Ahnung dessen gewinnen, wie sich Radfahren in früheren Zeiten angefühlt haben muss, als das Laufrad noch aus einem Eisenring bestand und das Vehikel, gewiss zu Recht, den Beinamen „Knochenschüttler" hatte.

Wie wir bereits in unserem Eingangskapitel ausgeführt haben, war es ein schottischer, in Belfast lebender Veterinär, John Boyd Dunlop, der den Luftreifen 1888 erfand, mit der Folge, dass fortan die Unebenheiten der Straße den Fahrer nicht mehr mit ganzer Wucht trafen.

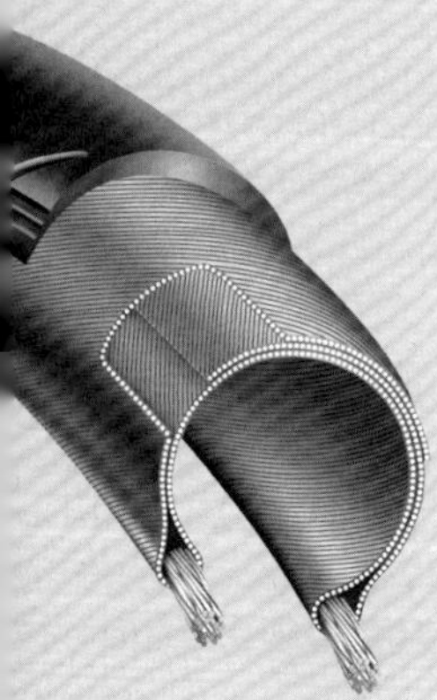

Aufbau des Fahrradreifens

Fahrradreifen bestehen aus mehreren Lagen gummiertem Nylon-, Polyester- oder Baumwollgewebe (Karkasse), eventuell einer Zwischenlage aus der Kunstfaser Kevlar, die – zusätzlich zur Karkasse – eindringende spitze Fremdkörper abfängt, und aus der Lauffläche, die aus einer Gummimischung besteht und in die das Profil eingeschnitten wird. Hinzu kommt der luftgefüllte Schlauch. Die besonderen Kennzeichen des hier abgebildeten Drahtreifens sind der lose im Felgenbett liegende Schlauch und die seitliche Stahldrahtverstärkung, die von den so genannten Felgenhörnern gehalten wird. Den gleichen Reifentyp gibt es als leichtgewichtigen und Platz sparend verstaubaren Faltreifen, der unter anderen von Radrennfahrern gerne verwendet und auch als Reserve mitgeführt wird. Einziger Unterschied: Die Drahtverstärkung ist durch Schnüre aus Kevlar, Nylon oder Glasfaser ersetzt. Der ursprüngliche Rennradreifen (auch heute nur in diesem Bereich verwendet) ist der Schlauchreifen, der mit geringem Gewicht, besserem Fahrkomfort und leichterem Lauf punktet. Dieser Reifen kommt ohne Verstärkung aus, weil der Schlauch in die ringsum geschlossene Karkasse eingenäht ist. Das bedeutet allerdings, dass Reparaturen – wenn überhaupt – nur umständlich und unter großem Zeitaufwand durchgeführt werden können. Schwierig ist aber auch die Montage, denn Schlauchreifen werden auf die Felge aufgeklebt.

Reifen rechtzeitig wechseln

Ein Reifen nutzt sich mit der Zeit ab, auch dann, wenn das Rad nur die ganze Zeit steht. Nicht zuletzt die UV-Strahlung der Sonne setzt ihm zu und lässt ihn allmählich mürbe und brüchig werden. Sobald sich Risse in den Seitenwänden zeigen, sollten Sie den Reifen gegen einen neuen tauschen, selbst dann, wenn das Profil noch in Ordnung ist. Denn ein angeknackster Reifen kann leicht platzen – und Ursache für Unfälle der schlimmeren Art sein. Der hintere Reifen nutzt sich in der Regel schneller ab als der vordere. Nicht nur den Hauptteil der Radlast hat er zu tragen, dazu kommt die Belastung durch die Antriebskräfte.

Das Prinzip des sogenannten Drahtreifens hat sich seit den Anfängen nicht geändert: Der Schlauch liegt mit dem ihn umgrenzenden Mantel im Felgenbett. Zwischen Felge und Schlauch ist zusätzlich ein Felgenband, dazu bestimmt, die (mitunter spitzen) Speichenenden vom Schlauch fernzuhalten. Fehlt dieses Band oder ist es schadhaft, kann dies leicht zu einem Patschen führen, daran zu erkennen, dass sich das Loch an der Innenseite des Schlauches befindet. Ungleich häufigerer Schadensverursacher ist ein von der Straße aufgelesener Glassplitter oder Nagel. Seit es Fahrradreifen mit verdickter Oberfläche gibt, haben es diese unliebsamen Ein-

Mountainbike-, Trekking-, Asphalt- und Rennreifen. Schmale Slickreifen ohne Profil bieten geringen Rollwiderstand, für den alltäglichen Einsatz auf Asphalt empfehlen sich allerdings Semislickreifen. Für den gemischten Einsatz auf Straßen und Waldwegen sollten Sie zu – speziell an den Rändern – stärker profilierten Cross-Country-Reifen greifen. Grobstollige Mountainbikereifen sind für echten Offroad-Einsatz konstruiert. Auf der Straße hingegen erhöht das starke Profil den Rollwiderstand

dringlinge allerdings schwerer, bis zum Schlauch vordringen, was ohnehin einige Zeit dauert. Es empfiehlt sich im Sinne der Prävention, die Oberfläche des Reifens von Zeit zu Zeit auf eingedrungene spitze Gegenstände abzusuchen. Es gibt im Handel auch pannensichere Reifen, die zwar teurer, aber wesentlich robuster sind.

Auf der Flanke des Reifens ist angegeben, welcher maximale Luftdruck zulässig ist. Voll aufgepumpte Reifen sind grundsätzlich empfehlenswert, denn je flacher der Reifen, desto größer der Rollwiderstand. Allenfalls im Winter kann es ratsam sein, zwecks besserer Bodenhaftung Druck aus den Reifen zu nehmen, was auch die Dämpfung verbessert.

Auf der Reifenflanke können Sie auch vielleicht genau diese Angabe finden: 23-622. Haben Sie sich schon einmal gefragt, was die Zahlen zu bedeuten haben? Nun, es handelt sich hierbei um einen von der zuständigen ETRTO (European Type and Rim Technical Organization) festgelegten Identifikationscode: Die erste zweistellige Zahl gibt die Breite des aufgepumpten Reifens an, die nachfolgende dreistellige Zahl den Felgendurchmesser, jeweils in Millimeter. Ein Maß also für die Reifengröße.

Unterschiedliche Ventil-Typen

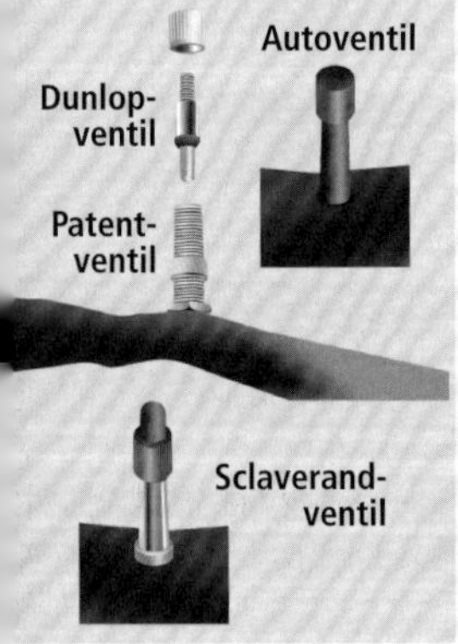

Bei älteren Fahrrädern sehen wir es noch öfters, das sogenannte **Dunlop-Ventil**. Ein Gummischlauch ist über ein Metallröhrchen gespannt, das im unteren Bereich eine Öffnung aufweist. Unter Druck wird der Gummi etwas gelüftet, und Luft kann eindringen. Ein Ventil der älteren Bauart, das kräftiges Pumpen erfordert. Etwas leichter geht es mit einer Variante dieser Bauart, dem sogenannten Blitzventil. Nach seinem Erfinder heißt es **Sclaverandventil**. Doch es kennt auch andere Bezeichnungen: **französisches Ventil** oder **Prestaventil**. Dünn und hochgeschossen kommt es daher, seine Herkunft aus dem Rennradbereich, wo es für die dünnen Felgen konzipiert wurde, kann es nicht verleugnen. Vorteil: das Aufpumpen erweist sich gegenüber dem Dunlop-Ventil als leichter (Für Anfänger: Dazu die kleine Rädelschraube an der Spitze losdrehen) und es hält auch einem größeren Luftdruck stand. Das **Autoventil**, das sich insbesondere bei Mountainbikes findet. Der Vorteil liegt auf der Hand: Bei der nächsten Tankstelle lässt sich das Rad aufpumpen, ohne eigenen Krafteinsatz. Praktisch sind Autoventile auch aus einem anderen Grund: Mit den Geräten an der Tankstelle lässt sich der Reifendruck exakt justieren.

Schlauchwechsel
Fixieren Sie den Reifenheber, indem Sie sein Ende an einer Speiche einhaken. Mit dem zweiten Reifenheber hebeln Sie dann die Reifenflanke über das Felgenhorn. Entnehmen Sie nun vorsichtig den Schlauch. Müssen Sie nur diesen reparieren, kann der Reifen auf der Felge verbleiben. Pumpen Sie den Schlauch auf, horchen Sie, wo es zischt oder halten sie ihn unter Wasser. Rauen Sie den Bereich um das Loch großzügig auf und tragen Sie den Kleber in der Größe des Reparaturflecks (keinesfalls kleiner) auf. Lassen Sie den Kleber antrocknen und pressen dann mit einem stumpfen Gegenstand den Flecken fest. Schieben Sie, am Ventil beginnend, den luftlosen Schlauch mit den Fingern zwischen Reifen und Felge und drücken Sie, wieder vom Ventil ausgehend, die Reifenflanke mit beiden Daumen über den Felgenrand

Wertvolle Stütze: Der Lenker

Der Name sagt es: Der Lenker dient zum Steuern des Rads. Das stimmt – und doch ist es ein anderes Steuern als beim Auto. Der Autofahrer dreht am Lenkrad und schlägt auf diese Weise die Vorderräder seines Gefährts nach Wunsch ein – je nach Einschlag macht er entweder eine große oder kleine Kurve.

Anders beim Fahrrad: Zwar führt auch der Radfahrer Lenkbewegungen aus, doch die fallen sehr viel kleiner aus. Denn eine Richtungsänderung bewerkstelligt er in erster Linie durch eine Schwerpunktverlagerung, das heißt, indem er sich auf die eine oder andere Seite neigt. Dazu sind Lenkbewegungen zwar eine wichtige Hilfe, aber nicht wie beim Auto der alles entscheidende Moment.

Sie können das noch nicht so recht glauben? Denken Sie an die Radfahrer, die freihändig unterwegs sind: Sie verstehen nicht nur geradeaus zu fahren, sondern auch Kurven, zumindest die geübteren unter ihnen – und das alles ohne die Hände am Lenker zu haben. Entscheidend für eine Richtungsänderung ist, in eine entsprechende Schräglage zu kommen – wie wir im nächsten Kapitel über den Sattel noch sehen werden, nehmen wir dazu auch unser Hinterteil zur Hilfe.

Auch wenn es nicht auf den ersten Blick auffallen mag: Eine wesentliche Funktion des Lenkers besteht darin, das Körpergewicht des Fahrers abzustützen. Thront der Fahrer aufrecht auf seinem Gefährt, so bekommt es die Lenkstange mit verhältnismäßig wenig Gewicht zu tun – der Großteil ruht in diesem Fall auf dem Sattel. Bei einem eher sportlichen Fahrer, mit nach vorne geneigtem Oberkörper, treten schon größere Kräfte auf. Einmal von oben, dann auch von der Seite, wenn er nämlich in den Wiegetritt wechselt und unter kraftvollem Armeinsatz sein Vehikel bald in die eine, bald in die andere Schräge bringt. Die wechselnde Biegebelastung durch den Gegenhalt am Lenker kann bei antrittsstarken Fahrern enorm groß sein. Kurzum: Ein Lenker hat einiges auszuhalten.

Was seine Form betrifft, herrscht üppige Artenvielfalt. Es gibt fast nichts, was es nicht gäbe: den geraden und den geschwungenen Lenker, den nach oben und den unten weisenden, den nach hinten und den nach vorne gebogenen. Keine andere Komponente des Fahrrads weist eine ähnlich große Variationsbreite auf,

darauf weisen schon die vielen Bezeichnungen hin: es gibt den „Hirsch-" und „Promenadelenker", den „Moustache-" und „Brezellenker", den „Triathlon-" und „Zeitfahrlenker" und viele mehr.

Jede Form erfüllt eine andere Funktion. Wer es gemütlich wünscht, wählt eher den „Hollandradlenker", einen Lenker, der nach oben geschwungen ist und dessen Griffe in Richtung Fahrer zeigen. Dieser Lenker ist geschaffen für eine aufrechte Sitzposition.

Der Klassiker unter den Lenkern ist der Rennlenker, seit mehr als 100 Jahren im Einsatz. Er besteht aus einem geraden Mittelteil und verläuft dann in einem Bogen zuerst nach vorne und dann nach unten. Dieser Lenker ist nicht nur bei Renn-, sondern auch bei Tourenfahrern beliebt, aus dem einfachen Grund, weil er eine Vielzahl von Handhaltungen ermöglicht. Wer seine Hände auf dem geraden Stück ablegt, auf dem Oberlenker, kann seinen Blick entspannt in die Umgebung schweifen lassen. Wer in die Rundung greift, nutzt mit dieser Sitzhaltung den Windschatten des vorfahrenden Radlers. Und wer die Seiten umklammert, ist bereit für einen Spurt.

Gerade auf längeren Touren ist es wichtig, dass der Lenker wechselnde Handhaltungen ermöglicht. Wer einen geraden Lenker besitzt, kann sich an die Enden Barends, auch Hörnchen genannt, montieren, sie ermöglichen eine weitere Griffposition. Der Sattel zwickt und zwackt bekanntermaßen, und auch der Lenker ist kein Unschuldslamm. Gerne lässt er, gerade auf längeren Touren, die Hände „einschlafen".

Tourenlenker, Mountainbikelenker und Barends

Mediziner sprechen vom „Karpaltunnelsyndrom", von zu starkem Druck auf den Nerv. Ein Leiden, das viele Gegenstrategien – weichere Polsterung, andere Sitzposition, Handschuhe – kennt, denen meist aber bestenfalls mäßiger Erfolg beschieden ist. Am besten scheint noch zu helfen, die Position der Hände öfters zu wechseln – und auch immer wieder Pausen einzulegen. Ein Taubheitsgefühl in den Händen ist nicht nur unangenehm, es ist auch gefährlich!

Bei Rennlenkern ist es ein Lenkerband, auf dem die Hände liegen. Das gibt es in einfacher und gepolsterter Ausführung. Bei anderen Lenkerbauten stellt der Griff die unmittelbare Kontaktstelle dar. Dünnere Griffe sind günstig für kleine Hände, dickere haben die Eigenschaft, Vibrationen zu absorbieren. Die besseren und damit auch teureren Modelle weisen ein Zwei-Schicht-System auf: ein dichtes Material am Lenker und ein dünneres und weicheres – quasi hautfreundlicheres – auf der Außenseite. Einfachere Exemplare sind aus Kunststoff, aufwändigere aus Kork oder Leder, zudem meist der Handform angepasst.

Neue Griffe aufzustecken ist gar nicht so einfach. Das Gummi muss über das Metall geschoben werden, beide haben den gleichen Durchmesser. Eine widerständige Angelegenheit. Als Schmiermittel eignet sich Wasser. Gegenüber einem Ölspray hat es den Vorteil, dass der Griff nachher auch fest sitzt.

Das Lenksystem

Wer vom Lenker spricht, muss auch von Vorbau und Gabel sprechen, jenen beiden Teilen, mit denen der Lenker verbunden ist und die die Verbindung zum Vorderrad herstellen.

Der Lenker sitzt im Vorbau. Neben der Haltefunktion dient der Vorbau dem Fahrer auch dazu, den Lenker entsprechend seinen Sitzbedürfnissen zu positionieren. Spielraum ist nach oben und unten. Sie fühlen sich auf dem Rad eingezwängt? In diesem Fall kann womöglich ein anderer Vorbau mit einem länger vorstehenden Teil helfen, das heißt für ein angenehmeres Sitzgefühl sorgen. Denn Länge und Neigung des Vorbaus bestimmen den Abstand zwischen Sattel und Lenker mit.

Der Vorbau ist mit der Gabel verbunden. Der obere Teil der Gabel, der sogenannte Gabelschaft, sitzt im Steuerrohr. Das Steuerrohr bietet der Gabel sicheren Halt – auf beweglicher Basis. Ein Steuersatz – in der Regel Kugellager am oberen und unteren Ende des Steuerrohrs – sorgt für freies Spiel und macht Lenkbewegungen erst möglich.

Die Gabel verzweigt sich am Gabelkopf in zwei Gabelarme, an deren Enden, den sogenannten Ausfallenden, das Vorderrad befestigt ist.

Ein Detail mag auf Anhieb gar nicht auffallen: Das Steuerrohr ist nicht etwa im Lot, sondern leicht geneigt. Auch das Gabelende besitzt eine Biegung. Diese Ausrichtung nach vorne hat zunächst einen einfachen Grund: Die Füße des Radfahrers sollen bei Lenkbewegungen nicht mit dem Vorderrad ins Gehege kommen. Die Gabelbiegung dient darüber hinaus dem Komfort: Stöße von unten, von der Fahrbahn, werden auf diese Weise nicht direkt an den Fahrer weitergeleitet, sondern leicht gedämpft.

Die Neigung des Steuerrohrs erfüllt, zusammen mit Gabelbiegung und Radius des Vorderrads, darüber hinaus eine weitere wichtige Funktion: Sie sorgt für Spurtreue. In diesem Zusammenhang müssen wir einen weiteren Begriff einführen, den des Nachlaufs.

Denken Sie sich eine imaginäre Linie, die sich entlang des Steuerrohrs bis zum Boden fortsetzt. Dieser Punkt, wo Linie und Boden zusammentreffen, liegt etwas vor jenem Punkt, wo das Vorderrad tatsächlich den Boden berührt. Den Abstand zwischen diesen beiden Punkten bezeichnet man als Nachlauf. Nun gilt die Regel: Je größer der Nachlauf, desto stabiler ist das Fahrrad in seinem Fahrverhalten. Und desto weniger wendig ist es aber auch zugleich.

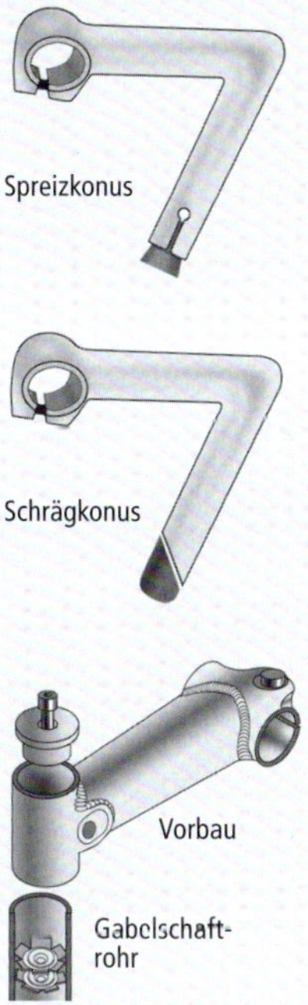

Der klassische **Vorbau** wird durch das Anziehen einer Klemmschraube im Gabelschaft verklemmt (oben und Mitte). Der moderne **Ahead-Vorbau** (unten) wird außen auf den Gabelschaft geklemmt, ist somit leichter, steifer und betriebssicherer, allerdings in den Augen mancher Nostalgiker auch weniger schön

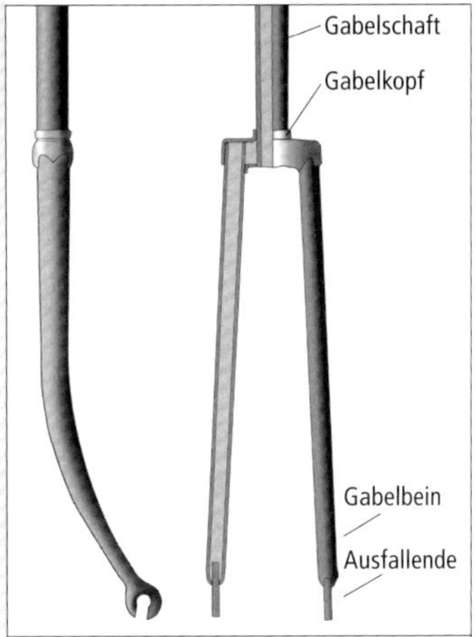

Teile der Vorderradgabel

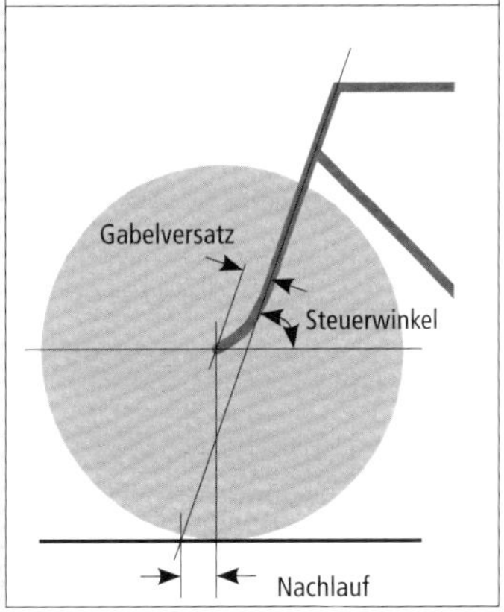

Lenkungsparameter

Die Fahrräder von heute haben in der Regel einen geringeren Nachlauf als ihre Vorläufermodelle. Früher waren allerdings auch die Straßenverhältnisse noch sehr viel schlechter. Im Austausch gegen weniger Stabilität haben die Räder heute an Spritzigkeit zugelegt.

Sicherheit geht vor

Wir haben es bereits angedeutet: Das Lenksystem ist nicht zuletzt dazu da, Stöße aufzufangen, die von Unebenheiten der Straße herrühren. Fahrradtechniker sagen sogar, dass die Vorderradgabel das am höchsten belastete Bauteil des Fahrrads ist. Deshalb erfordere deren Konstruktion, Fertigung und Wartung besondere Sorgfalt.

Ist das Laufrad mit einer Nabenbremse ausgestattet, muss die Gabel weitaus höhere Biegebelastungen aufnehmen können als eine Standardgabel. Um sie von der gewöhnlichen Ausführung unterscheiden zu können, hat sie am Ausfallende mit einem eingeprägten „N" (steht für Nabenbremse) gekennzeichnet zu sein.

Für den Radfahrer der Alptraum schlechthin: Er fährt und plötzlich bricht der Lenker. Seine Hände greifen ins Leere, er kippt nach vorne. Was das bei einer Fahrt bergab bedeutet, kann sich jeder selbst ausmalen ... Besser: Er möchte es sich gar nicht ausmalen. Damit solch ein Horrorunfall erst gar nicht passieren kann, gelten hohe Sicherheitsstandards für den Lenkerbau. Wer auf Nummer Sicher gehen möchte, wechselt von Zeit zu Zeit seinen Lenker aus. Das Fatale ist nämlich, dass Mikroschäden auch im Material des Lenkers auftreten können – und dem Betrachter verborgen bleiben. Verlässliche Angaben über die Lebensdauer von bestimmten Teilen wie dem Lenker sind kaum zu machen. Ein übersehenes und daher ungebremst durchfahrenes Schlagloch, extensives Ziehen am Lenker im Wiegetritt, ein Aufschlag auf harten Untergrund: All das kann dem Lenker über die gewöhnliche Belastung hinaus entscheidend zusetzen. Im schlimmsten Fall führen sie so sehr zu einer Schwächung der Materialstruktur, dass ohne vorwarnende Indizien unvermittelt ein sogenannter Ermüdungsbruch eintreten kann. In sensiblen Bereichen wie dem Lenksystem ist daher besondere Vorsicht geboten.

Der Hintern lenkt mit: Der Sattel

Im vorigen Kapitel haben wir es bereits angedeutet. Der Sattel hat eine Gemeinsamkeit mit dem Lenker: Auch er dient dazu, das Fahrrad zu steuern und im Gleichgewicht zu halten. Das kann jeder bestätigen, der schon einmal mit einem Sattel gefahren ist, der nicht ordentlich befestigt war und sich mit jedem Tritt in die Pedale hin und her bewegte. Eine Qual! Plötzlich war das Fahrrad nicht mehr unter Kontrolle.

In erster Linie dient der Sattel, neben Pedalen und Lenker dritter Kontaktpunkt zwischen Fahrzeug und Fahrer, freilich dazu, unser Gewicht zu tragen. Oft genug gewinnen wir allerdings den Eindruck, die eigentliche Bestimmung des Sattels liege darin, dem Fahrer das Leben unendlich schwer zu machen. Wie kaum ein anderes Fahrradteil ist er nämlich in der Lage, uns die Freude am Fahren nachhaltig zu vergällen und aus der schönsten Tour eine Tortur zu machen. Er zwickt und zwackt, manchmal scheuert er unser Hinterteil auch so wund, dass

Unverdrossen weitermachen

Die ersten Male im Frühling sind immer am schlimmsten. Wer nach der Winterpause sein Fahrrad hervorholt und wieder zu fahren beginnt, der bekommt unweigerlich sein Hinterteil zu spüren. Auch wenn er nur kurze Strecken zurücklegt. Unser Gesäß muss sich erst wieder an den ungewohnten Druck gewöhnen. Aus diesem Grund ist denn auch das beste Mittel gegen Druckbeschwerden oder ärgere Leiden, einfach weiter zu machen. Unverdrossen weiter aufs Rad zu steigen. So findet eine gewisse Gewöhnung respektive Abhärtung statt. Diese natürliche Methode ist allemal wirksamer als all das, was der Handel in Form von speziellen Cremen oder Polsterungen anzubieten hat.

jedes weitere Sitzen (oft auch Gehen) nur mit unendlichen Schmerzen möglich ist. Die Fahrradindustrie weiß um diesen Schwachpunkt und präsentiert in regelmäßigen Abständen neue Lösungen, die vorgeben, mit der Pein ein für alle Mal Schluss zu machen. Die Universallösung ist allerdings noch lange nicht gefunden worden – wahrscheinlich, weil es sie einfach nicht gibt. Was immer versucht wurde: Nichts funktioniert so, dass es ausnahmslos alle glücklich machen würde.

Auswahl nach Fahrstil und Geschlecht

Je weicher und breiter der Sattel, so denkt mancher, desto angenehmer und pofreundlicher ist er auch. Ein Irrglaube! So einfach ist die Sache nicht. Denn mit zunehmender Breite steigt die Gefahr, sich mit jedem Tritt in die Pedale die Innenschenkel wund zu scheuern. Hinzu kommt, dass weiches und auf Druck nachgebendes Material die über das Gesäß vermittelten Steuerungsbefehle nicht adäquat und in gewünschter Weise umsetzt, was beim Fahrer leicht zu einem Gefühl der verminderten Kontrolle über das Gefährt führt. Dick gepolsterte Sättel sind allenfalls etwas für kürzere Strecken.

Ein Sattel ist nach dem individuellen Fahrstil auszuwählen. Gehören Sie zu jenen Fahrern, die es eher gemütlich angehen und eine aufrechte Sitzposition favorisieren, dann sind Sie mit einem Sattel, der in die Breite geht, gut beraten. Denn in diesem Fall ruht der Hauptteil Ihres Gewichts auf Ihren vier Buchstaben, genauer gesagt: auf den beiden Sitzhöckern Ihres Hinterteils. Diese beiden Erhöhungen bilden die Berührungspunkte mit dem Sattel, der aus dem Grund gerade an diesen beiden Stellen gut gepolstert sein sollte. Sei es mit Schaumgummi oder – moderner – mit Gel.

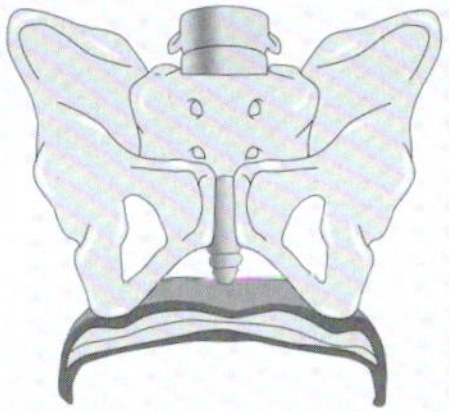

Sitzknochen

Die beiden Sitzhöcker liegen bei der Frau, etwas weiter auseinander als beim Mann. Daher ist der Damensattel typischerweise etwas breiter als der Herrensattel. Und in der Länge etwas kürzer, der Fachmann sagt: die Sattelnase ist kürzer. Neben dem Fahrstil ist also das Geschlecht ein weiteres Kriterium für die Auswahl des Sattels. Allerdings: Das Gesäß ist so individuell wie ein Fingerabdruck. Daher verbieten sich allgemeine Aussagen. Manche Männer mögen gerade mit einem Damensattel gut fahren – das Gleiche gilt umgekehrt. Allein die Probe entscheidet.

Sportliche Fahrer bevorzugen schmale Sättel, nicht nur, weil das eingesparte Gewicht den Gewinn von wertvollen Sekunden bedeuten kann, sondern auch, weil sie – vornübergebeugt – einen Großteil ihres Gewichts auf den Lenker verlagern. Je schmaler der Sattel, desto ungehinderter der Tritt in die Pedale. Lang darf der Sattel sein, denn das ermöglicht dem Fahrer, seine Sitzposition immer wieder zu ändern, nach hinten und vorne zu rutschen, was gerade auf längeren Touren als angenehme Abwechslung geschätzt wird.

Sattelstütze präparieren

Der Klemm- und Kontaktbereich der Sattelstützen im Sattelrohr ist erhöhten Korrosionseinflüssen ausgesetzt. Es kann zum Festkorridieren der Stütze im Rahmen kommen. Aus diesem Grunde sollten Sattelstützen immer nur gefettet eingebaut oder vor dem Einbau mit einem Korrosionsschutzmittel behandelt werden. Es empfiehlt sich, Sattelstützen alle drei bis sechs Monate auszubauen, zu säubern und mit Fett/Korrosionsschutz versehen wieder einzubauen.

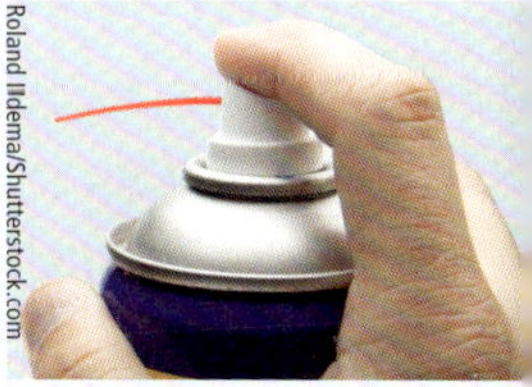

Roland Ildema/Shutterstock.com

Der Klassiker

Nicht wenige Profisportler setzen auf einen maßgefertigten Sattel, das heißt, die Vertiefungen und Erhöhungen sind hier den jeweiligen anatomischen Gegebenheiten angepasst. Auch für den gewöhnlichen Radfahrer besteht die Möglichkeit, zu einem eigenen, speziell auf ihn zugeschnittenen Sattel zu finden. Dazu muss er, erster Schritt, sich für einen Ledersattel entscheiden. Den Klassiker auf diesem Sektor. Am bekanntesten sind die Ledersättel der englischen Firma Brooks, wie vor hundert Jahren werden sie nach wie vor in Handarbeit hergestellt. Das Ausgangsmaterial sind Häute von britischen und irischen Rindern.

Zweiter Schritt: Der Ledersattel ist über längere Zeit einzufahren. Klingt nach üblichem Gebrauch, doch das Besondere ist, dass so ein Ledersattel anfangs verdammt hart ist. Da heißt es, durchhalten. Hinzu kommt, dass Leder einige Zuwendung verlangt, so muss es regelmäßig eingefettet und nachgespannt, außerdem vor Sonnenlicht und Nässe geschützt werden. Achtung: Ledersättel können abfärben, wenn sie feucht werden. Hierzu reicht schon die Schwitzfeuchtigkeit des Radfahrers aus. Wem das alles nicht zu viel ist, wird, bei häufigerem Gebrauch vielleicht nach einem halben Jahr, mit einem Sattel belohnt werden, der mit individueller Form besticht. Handelt es sich hierbei doch um das getreue Abbild von des Fahrers Hinterteil. Um das Negativ vom Original. Und dieser Sattel verursacht fortan keine Druckbeschwerden mehr. Heißt es jedenfalls. Freilich: Manche erreichen denselben Effekt mit einem billigen Kunststoffsattel, der ihnen wie angegossen passt.

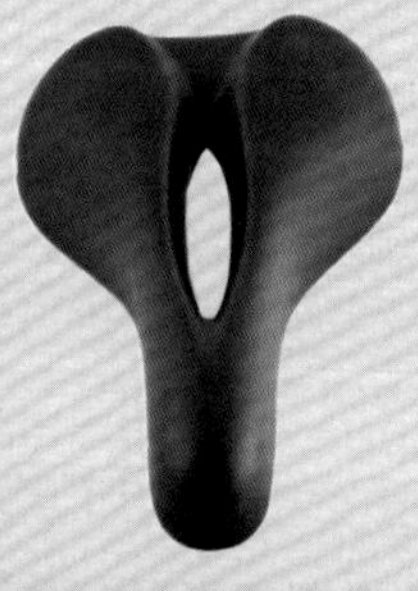

Oleg Zabielin/Shutterstock.com

Rille schafft Entlastung

Bei Druck- oder Taubheitsgefühlen in den Genitalien hilft es manchmal, die Sattelspitze etwas abzusenken. Solche Beschwerden können aber auch durch einen zu schmalen Sattel hervorgerufen werden, weil dann der Damm, durch den viele Nerven und Blutbahnen verlaufen, zu viel Druck bekommt. Moderne Sättel haben deswegen eine Rille oder Aussparung in der Mitte des Sattels.

Von newtonschen Erkenntnissen und Tensorgleichungen: Physikalische Hintergründe des Radfahrens

Besuch bei Prof. Dr. Herbert Pietschmann im Institut für Theoretische Physik, Universität Wien

Ein schöner Tag, die Sonne scheint. Sie fahren mit dem Rad durch den Wald. Ist es ein besonderes Glücksgefühl, ist es purer Übermut – in jedem Fall machen Sie das, was die Straßenverkehrsordnung verbietet: Sie nehmen die Hände vom Lenker und fahren freihändig. Mit kleinen, eher unbewussten Ausgleichsbewegungen halten Sie das Fahrrad in der Spur. Plötzlich ein Windstoß. Sie drohen auf die linke Seite zu fallen. Was machen Sie? Instinktiv wahrscheinlich das Richtige: Sie drehen den Lenker auch nach links. Mit dieser Gegenbewegung (und etwas Glück) finden Sie in die Balance zurück.

Gegenbewegung? Der Ausdruck ist definitiv falsch, denn Sie lenken ja in genau dieselbe Richtung. Die Reaktion scheint der Logik und dem Hausverstand zu widersprechen – und ist doch richtig. Aber warum? Wie ist das mit den ausgleichenden Bewegungen beim Fahrradfahren? Welche Kräfte sind da am Werk? Der einstige Leiter des Instituts für Theoretische Physik an der Universität Wien, Prof. Dr. Herbert Pietschmann, ist gerne bereit, Auskunft zu geben.

Alexander Girzel

Einst stand Pietschmann im Ruf eines Wunderkinds. Schon als Mittzwanziger wurde dem Physiker eine Professur in den USA angetragen. Er lehnte ab und kehrte nach Wien zurück, in seine Heimatstadt, in die Stadt der Musik, wo ihm bald darauf wieder eine Professur angeboten wurde, die er diesmal annahm. Die Musik ist neben der Philosophie eine der großen Leidenschaften des Physikers. Immer hat er über den Tellerrand seines Fachgebiets geschaut, so weit, dass ihm dabei auch die Grenzen der Naturwissenschaft nicht entgangen sind, über die er ein Buch geschrieben hat, einen Bestseller, mit dem Titel „Das Ende des naturwissenschaftlichen Zeitalters". Pietschmann ist ein Gelehrter mit der seltenen Gabe, auch schwierige

Zusammenhänge verständlich erklären zu können. Ihn kann man zur Quantenphysik fragen – wie auch zum Fahrrad.

Wie ist das also mit der Gegenbewegung beim Fahrradfahren? Wie bei jedem Körper, erklärt Pietschmann, seien auch beim Fahrrad Kräfte nötig, um es in Bewegung zu setzen. „Nach den newtonschen Erkenntnissen gilt der Grundsatz: Die Kraft ist proportional zur Beschleunigung. Der Körper wird in die Richtung bewegt, in die die Kraft ausgeübt wird. Beim Fahrrad ist nun zu berücksichtigen, dass mit der Drehbewegung eine weitere Kraft dazukommt, die Rotationskraft." Dabei kämen Tensorgleichungen und Vektorprodukte zum Tragen – nun gut, mir genügt als Erklärung, dass es also die Gesetze der Drehbewegung sind, die ein Gegenlenken verbieten.

Ich sitze mit Pietschmann in seinem Arbeitszimmer, einem kleinen Raum in dem Physikalischen Institut, dem er einst vorstand. Seit er emeritiert ist, mache er nur noch das, was ihm Spaß macht. Da ihm aber so viele Dinge Spaß machen, hat Pietschmann kaum freie Zeit. Er schreibt Bücher, hält Vorträge, engagiert sich in der Wiener Internationalen Akademie für Ganzheitsmedizin und lädt Christen und Muslime zum Dialog ein.

Früher, in den 1950er-Jahren, als Student, habe er selbst Radtouren unternommen, erzählt er. Auf der Bundesstraße 1 seien sie gefahren, die Straße hätten sie praktisch für sich allein gehabt, höchstens alle fünf Minuten sei ein Auto vorbeigekommen. Und die großen LKWs, die habe es damals noch gar nicht gegeben. Es müssen herrliche Zeiten gewesen sein, ohne Lärm und ohne Gestank und ohne Gefährdung.

Pietschmann hatte damals ein Steyr-Waffenrad, ohne Gangschaltung und mit Rücktrittsbremse. An jeder Steigung hieß es runter vom Rad und schieben. Demgegenüber hat es der Radfahrer heute leichter. Er legt einen kleinen Gang ein, und der Berg verliert augenblicklich seinen Schrecken.

Die hinteren Ritzel einer Kettenschaltung unterscheiden sich im Durchmesser nur wenig voneinander, wohl aber in der Wirkung. Das kleine Ritzel ermöglicht schnelles Fahren in der Ebene, das große tut gute Dienste bei einem Anstieg. Wieso kann der Unterschied von wenigen Zentimetern so viel ausmachen? „Nehmen wir der Einfachheit halber an, der Kranz vorne beim Tretlager hat genauso viele Zähne wie das

Ritzel hinten. Dann erziele ich mit einer Tretbewegung eine Umdrehung des Laufrades. Ist der Kranz vorne doppelt so groß, so erziele ich mit einer Tretbewegung zwei Umdrehungen hinten", erklärt Pietschmann. So einfach kann Physik sein. Doch das Fahrrad, das ist und bleibt bei Licht betrachtet ein seltsam Ding. Denn erst in Bewegung erfüllt sich sein Sinn. Im Stand muss sich der Fahrer abstützen, andernfalls fällt er unweigerlich um.

Je schwerer das Rad, desto schwerer ist es in Bewegung zu bringen. Aus diesem Grund gehen die Anstrengungen der Ingenieure vor allem beim Rennradbau in die Richtung, immer leichtere Materialien zu verwenden, Materialien, die zugleich stabil sind.

Die Fahrradkette, erklärt Pietschmann, kam auch im Flugzeugbau zur Anwendung, genauer: in den ersten Propellermaschinen. Es waren die Brüder Wright, die als Erste mit einem Motor zwei Propeller antrieben, den einen direkt, den anderen über eine Kette. Nur ein Motor durfte es sein, weil ein zweiter zu großes Gewicht bedeutet hätte. Aber zwei Propeller mussten es zum Ausgleich der Rotationskräfte sein. So leisteten die Brüder Wright wertvolle Pionierarbeit, jene beiden Brüder, die allgemein als erste Motorflieger gelten, dies allerdings zu Unrecht, wie Pietschmann betont, denn dieses Verdienst komme Gustav Weißkopf zu, 1874 in Leuterhausen, Bayern, geboren und in die USA ausgewandert.

Der natürliche Feind des Radfahrers ist neben der Steigung der Wind, genauer: der Gegenwind, denn gegen Rückenwind hat er nichts einzuwenden. Mit der Geschwindigkeit nimmt diese bremsende Kraft zu. Dagegen hilft, den Körper nach vorne zu beugen, um der Luft möglichst wenig Angriffsfläche zu bieten. Wo es um Sekunden geht, wie im Radrennsport, setzen die Fahrer auf aerodynamisch geformte Helme und auf Laufräder, die statt Speichen eine Scheibe haben, die für weniger Luftwirbel sorgt. „Die Luft soll möglichst glatt um den Körper herumstreifen; reißt sie ab, bildet sie Wirbel, die Energie kosten", sagt der Physiker.

Beim Fahrradfahren setzen wir die durch Nahrung aufgenommene Energie in Bewegungsenergie um. Und was geschieht mit dieser Energie beim Bremsen? Pietschmann: „Sie wird in Wärmeenergie umgewandelt. Denn nach dem Energieerhaltungssatz bleibt die Gesamtenergie in einem geschlossenen System konstant. Sie kann nicht verloren gehen."

Pietschmann erzählt, dass die Rücktrittsbremse seines Waffenrades bei längeren Abfahrten oft heiß wurde, so heiß, dass Wasser darauf sofort verdampfte. Die heute üblichen Felgenbremsen stellen in dieser Hinsicht einen Fortschritt dar: Die Wärme kann im Vergleich zu der kleinen Trommel über eine größere Fläche entweichen. Dass die Bremsgummis bei Regenwetter nicht immer gut greifen, ist ein anderes Kapitel.

Lange ist es her, dass Pietschmann das letzte Mal auf dem Fahrrad saß. Wie er betont, fahre er gerne Auto, vor allem in den USA, denn erstens seien die Verkehrsteilnehmer dort sehr viel rücksichtsvoller und kooperativer als hierzulande und zweitens setzten die für den dortigen Markt produzierten Autos auf Bequemlichkeit statt Sportlichkeit. In den USA sei ein gemütliches Dahingleiten möglich, und das schätze er. Einerseits. Andererseits wisse er, dass die Erdölvorkommen begrenzt sind und wir schon aus Rücksicht auf nachfolgende Generationen umdenken und von unserer Energieverschwendung ablassen müssen. „Ein endliches System kann nichts Unendliches erzeugen."

Wenn er zurückdenke an früher, als er selbst noch im Sattel saß: Wie unterscheidet sich das Auto- vom Radfahren? Auf dem Rad erlebe man die Umgebung viel unmittelbarer, sagt Pietschmann, man rieche die Luft und spüre die Sonnenstrahlen auf der Haut. „Allerdings wurden wir bei Regen auch völlig durchnässt. Es gab noch nicht diese Funktionskleidung wie heute."

Dazu komme eine besondere Körpererfahrung, die er bei den Radtouren gemacht habe: „So nach 80 km hatte ich immer das Gefühl, das war es für heute, ich bin am Ende meiner Kräfte. Hatte ich allerdings diesen Punkt überwunden, ging es plötzlich mit ungeahnter Leichtigkeit weiter. Ich spürte auf einmal Kräfte, die ich nie für möglich gehalten hätte. Ich schaffte dann Steigungen, an denen ich sonst abgestiegen wäre." Und an einem Tag sei er sogar 170 km weit gefahren. Wohlgemerkt auf einem Steyr-Waffenrad, ohne Gangschaltung.

Potenzierung der menschlichen Muskelkraft: Der Antrieb

Der Fußgänger bringt es im Schnitt auf eine Geschwindigkeit von 4 km/h, der Radfahrer auf 15 km/h. Das heißt mithin, dass der Fußgänger nach 10 Minuten eine Strecke von 0,7 km und der Radfahrer eine von 2,5 km zurückgelegt hat.

Das Rad lässt den Menschen schneller vorankommen, es potenziert dessen Muskelkraft. Seit Ende des 19. Jahrhunderts, seit Erfindung des sogenannten Niederrads, erfolgt der Antrieb des Fahrrads über die Kette: Der Fahrer tritt in die Pedale, und diese Kraft wird mittels Kurbel, Kettenblatt und Kette auf das Ritzel des Hinterrads übertragen.

So schlicht und einfach das zweirädrige Gefährt auf den ersten Blick erscheint, seine Antriebstechnik kann als genial bezeichnet werden. Bis heute ist kein von Muskelkraft angetriebenes Fortbewegungsmittel erfunden worden, das effizienter arbeiten würde. Der Radfahrer setzt die kräftigste Muskelpartie ein, die ihm zur Verfügung steht: seine Gesäß- und Beinmuskeln.

40 Prozent der menschlichen Anatomie entfallen auf die unteren Gliedmaßen. Beim Pedalieren folgt auf einen kurzen Krafteinsatz jeweils eine längere Phase der Erholung, in der den Muskeln Nährstoffe zugeführt werden können.

Eine Pedalumdrehung umfasst 360 Grad, und der Radfahrer setzt nur über einen Bereich von etwa 60 Grad Kraft ein, nämlich jene, in dem er die Pedale nach unten drückt. Die restlichen 300 Grad dienen der Erholung. Anstrengung und Ruhe wechseln sich ab. Ein zyklisches Auf und Ab, das als wohltuend empfunden wird. Hier liegt nicht zuletzt einer der Gründe, wieso auch ältere Menschen noch problemlos Rad fahren können.

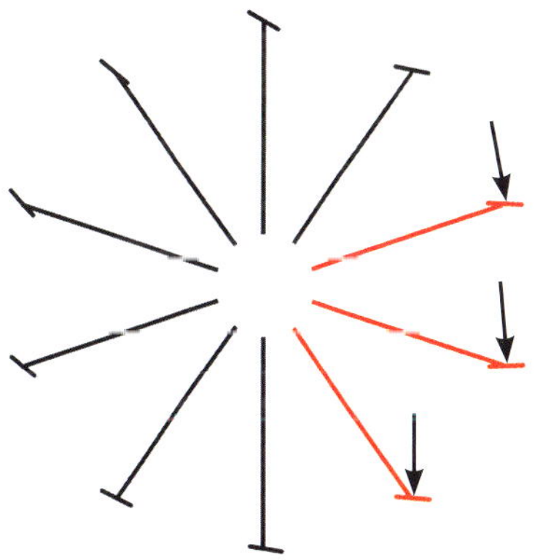

Tretbereich mit der effektivsten Kraftumsetzung

Sicherer Halt: Das Pedal

Das Pedal ist neben Lenker und Sattel der dritte Kontaktpunkt zwischen Fahrer und Rad. Rutschfeste Pedale tragen zu einem sicheren Fahrgefühl bei. Besseren Halt bieten die kaum mehr verwendeten Pedale, die mit Haken und Riemen versehen sind, und noch besseren Klickpedale, in die die Fahrer, ganz nach Art der Skibindung, mit seinen Schuhen einrastet. Freilich müssen das spezielle Radschuhe sein.

Bei den Klickpedalen unterscheidet man zwei Versionen, die eine ist für den Rennbereich, die andere mehr für den Mountainbike-Einsatz. Die dafür notwendigen Spezialschuhe weisen in beiden Fällen an der Unterseite eine Metallplatte auf. Bei den Rennfahrern steht sie etwas heraus, bei den anderen ist sie in der Sohle versenkt. Letztere Lösung, auch SPD-System (Shimano Pedaling Dynamics) genannt, bietet den Vorteil, dass man in den entsprechenden Schuhen auch problemlos gehen kann. (In den „Rennfahrschuhen" ist ein Klack-Klack mit jedem Schritt unvermeidlich.) Beim SPD-Pedal handelt es sich um ein Kombipedal: die eine Seite ist für Klickschuhe, die andere für herkömmliche Straßenschuhe.

Weiterer Vorteil der festen Verbindung von Schuh und Pedal: Der Fußballen wird genau da positioniert, wo er hingehört: über der Pedalachse. Zum Ausstieg einfach die Ferse leicht nach außen drehen, so löst sich der Federmechanismus. Ist wirklich einfach. Jedenfalls, wenn man daran denkt. In der Anfangszeit verlangt das einige Konzentration. Deshalb sollten Sie erst im freien Gelände üben, um Routine zu gewinnen. Es ist nämlich schon mancher an einer roten Ampel sanft zur Seite gekippt, mitsamt seinem Rad, weil er vergessen hatte, rechtzeitig die kleine Drehbewegung mit seinen Füßen zu machen.

Pedale für losen und fixen Kontakt mit dem Schuh

Radschuhe in der richtigen Größe

Probieren wir Laufschuhe im Geschäft, so geben wir gerne eine knappe Daumenbreite vor den Zehen dazu und wählen eine größere Größe, denn beim Laufen schwillt der Fuß gerne an. Anders beim Radfahren, da macht der Fuß keine Rollbewegung. Wählen Sie also den Radschuh in Ihrer normalen Größe. Der Fuß soll im Schuh möglichst fest umschlossen sein, nur so können Zugkräfte ordentlich auf das Pedal ausgeübt werden.

Toddy1979/Shutterstock.com

Wahl zwischen verschiedenen Übersetzungen

Heute sind sie wieder modern, die Fixies, jene Fahrräder, die eine starre Verbindung zwischen Kettenblatt und Ritzel am Hinterrad aufweisen. Einen Freilauf kennen sie nicht, der Fahrer bremst, indem er in die Gegenrichtung tritt. In den Anfangsjahren des Fahrrads, genauer: des Niederrads, war dies der (bescheidene) Standard.

Nicht mehr als eine Übersetzung hatten die Fahrer zur Verfügung. Dann 1930 die entscheidende Verbesserung: Die Kettenschaltung kam auf (im selben Jahr übrigens auch der Schnellspanner für das Laufrad). Damit wurde Radfahren um einiges komfortabler. Nun konnte der Fahrer zwischen verschiedenen Übersetzungen wählen. In der Ebene ließ er die Kette über ein kleines Ritzel laufen, am Berg über ein größeres. Nicht länger musste er sich mit einem Gang für unterschiedliche Herausforderungen begnügen.

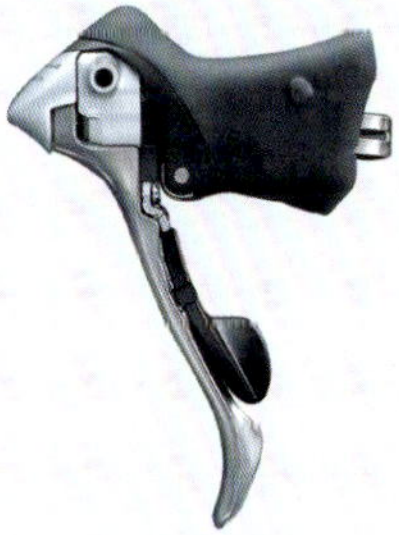

Rennradschalthebel
In die Bremsen integriert

Wie dazumal betätigt der Fahrer noch heute über Drahtzug das hintere Schaltwerk, um die Kette in die gewünschte Position, das heißt auf das entsprechende Ritzel zu bringen. Anfangs war dazu Feingefühl in den Fingern nötig, inzwischen rasten die Gänge mit einem deutlichen Klicken selbst ein.

Der Schalthebel, zu Beginn am Unterrohr, wanderte im Laufe der Zeit immer mehr in Richtung Lenker, dorthin, wo der Fahrer seine Hände hat. Inzwischen ist er vor allem bei Rennrädern in den Bremsgriff integriert. Der Vorteil: Der Fahrer muss seine Hände nicht mehr vom Lenker nehmen, wenn er in einen anderen Gang wechseln möchte. Ein Mehr an Sicherheit und Kontrolle.

Daumenschalthebel
Bei Kinder- und Billigrädern mit Kettenschaltung verwendet

„Rapidfire"-Schalthebel
Bei Mountainbikes und Trekkingrädern verbreitet

Drehgriffschalhebel
Aufgrund der einfachen und raschen Bedienung oft bei Mountainbikes verwendet

Nicht nur zwischen verschiedenen Ritzelgrößen am Hinterrad kann der Fahrer wählen, sondern auch zwischen zwei oder drei unterschiedlich großen Kettenblättern vorne an der Kurbel. Im Rennradbereich sind die beiden Kettenblätter mit je 39 und 52 Zähnen üblich. Durch seitliches Verschieben des sogenannten Umwerfers wird die Kette von einem auf das andere Kettenblatt gedrückt.

„Ich fahre die Übersetzung 42/14", solche Angaben hört man bisweilen, wenn sich Rennsportler unterhalten. Gemeint ist die Zähnezahl des Kettenblattes im Verhältnis zur Zähnezahl des Ritzels. Bis in die 1920er Jahre mussten sich Radrennfahrer mit einer besonderen Konstruktion begnügen: mit zwei unterschiedlichen Ritzelgrößen, die sich an beiden Seiten des Hinterrads befanden. Kam der Fahrer an eine Steigung, so löste er das Hinterrad aus der Klemme, wendete es und setzte es, nun mit dem größeren Ritzel auf der Kettenseite, wieder ein.

Die Kettenschaltung kam relativ spät auf, vor allem deshalb,

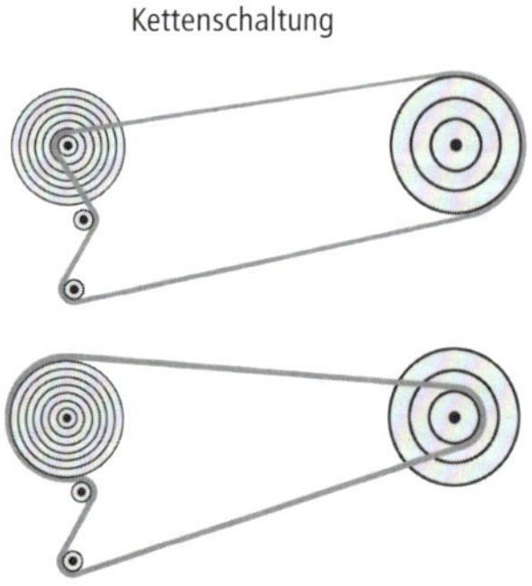

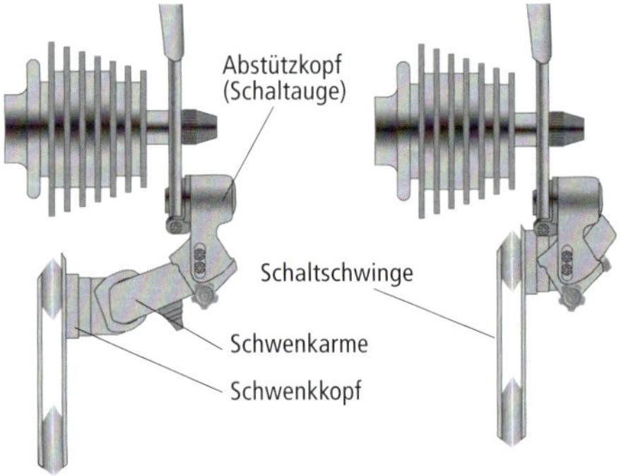

weil sich die Menschen lange Zeit nicht vorstellen konnten, dass eine Kette ihre Funktion auch erfüllen kann, wenn sie nicht immer exakt gerade läuft, wie das beim Fahrrad der Fall ist: Nur die Mitte des Ritzelpakets fluchtet genau mit der Mitte der Kettenblätter, zumindest sollte das so per Einstellung sein, bei allen anderen Ritzeln läuft die Kette schräg. Doch das System funktioniert, das zeigt die Praxis.

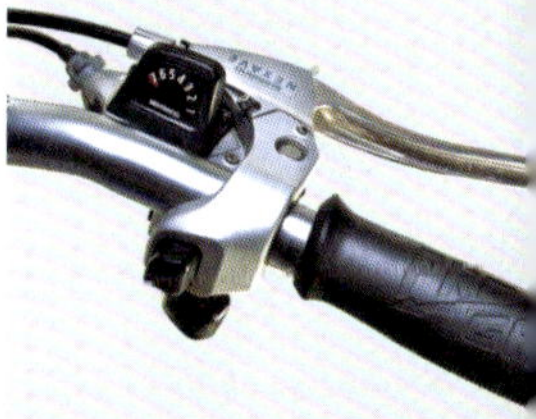

„Nexave"-Schalthebel
Für Kettenschaltungen, häufig bei Trekkingrädern und Citybikes. Hinaufschalten wird durch Federkraft unterstützt, und nicht – wie sonst üblich – das Hinunterschalten

Verpackt im Gehäuse: Die Nabenschaltung

Eine Alternative zur Kettenschaltung ist die Nabenschaltung. Sie kann auf eine längere Tradition zurückblicken, erste Patente gab es schon um 1880. Kennzeichen der Nabenschaltung ist, dass die unterschiedlichen Übersetzungen in einem gekapselten Gehäuse untergebracht sind, eben in der Nabe. Dieses System ist gegenüber der Kettenschaltung besser geschützt und damit wartungsärmer. Weiterer Vorteil: Die Kette kann nicht herausspringen (was ölige Finger erspart), und die Gänge können auch im Stehen eingelegt werden. Nachteile: Kein so großer Wirkungsgrad wie bei der Kettenschaltung, unter Belastung ist sie schwieriger zu schalten.

Der Fahrradzeitgeist besagte lange: Sportler fahren Kettenschaltung, Langweiler Nabenschaltung. An Rennrädern wird man tatsächlich nicht so schnell eine Nabenschaltung finden. Doch sie holt auf, was den Übersetzungsumfang betrifft. Und gewinnt dadurch zunehmend an Attraktivität für Tourenfahrer. Das gibt es auch: eine Kombination von Naben- und Kettenschaltung.

Auch jene Zeitgenossen, die kein Gefühl dafür haben, wann ein Gangwechsel angezeigt ist, brauchen nicht zu verzagen. Nicht nur Autos, sondern auch Fahrräder kennen es, das automatische Getriebe. Auf dem Fahrradsektor freilich nur ein Nischenprodukt.

Verschleißprodukt Kette

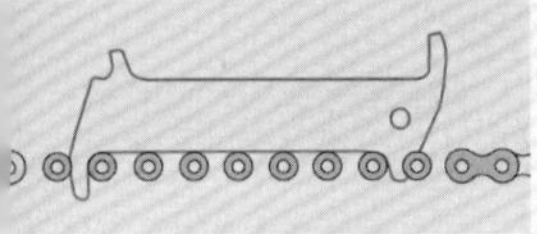

Kettenlehre
Kette wechseln, wenn sie pro Glied um 0,1 mm gelängt ist

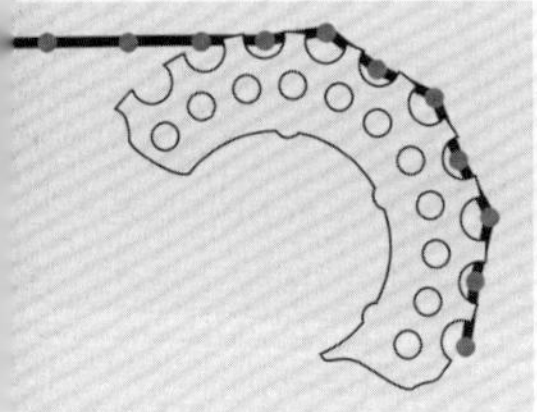

Kettenkaliber
Messen der Verschleißgrenze

Metall trifft auf Metall, sprich: Kette auf Ritzel und Kettenblatt. Das führt zu Massenverlust, zu, so der Fachausdruck, abrasivem Verschleiß. Folge: Das Spiel in den Gelenken nimmt zu und die Kette dehnt sich. Diese Längung ist ein gutes Maß für den Verschleißzustand der Kette, im Fachgeschäft leicht mit speziellen Maßgeräten festzustellen. Diese Probe tut es auch: Sobald Sie die Kette mehr als 5 mm vom Kettenblatt abnehmen können, ist es Zeit, sie zu wechseln. Eine verschlissene Kette beschädigt auch die Zähne von Kettenblatt und Ritzel. Hier zahlt sich Sparsamkeit nicht aus, denn ein neues Kettenblatt ist deutlich teurer als eine neue Kette. Zur Lebensdauer einer Kette können Sie beitragen, indem Sie sie regelmäßig von Schmutzpartikeln reinigen und anschließend ölen. Aber meinen Sie es mit dem Ölen nicht zu gut! Ein hauchdünner Ölfilm ist gerade richtig. Öl zieht Schmutz an, und zu große Mengen Öl führen leicht dazu, dass sich schnell eine zähe Schleifpaste bildet. Bei guter Pflege kann eine (Kettenschaltungs-)Kette bis zu 5.000 Kilometer halten, sonst nur etwa 1.000. Die Nabenschaltung bedingt eine geringere Beanspruchung, da sind bis zu 10.000 Kilometer drin. Gehen Sie am besten so vor:

- Kette als Erstes mit einem Lappen reinigen, auf den Sie etwas dünnflüssiges Öl (etwa Kontaktspray) gegeben haben. Öl hilft, den Schmutz zu lösen.
- Danach Öl auf die Kette geben, aber eben nicht zu viel, und vorzugsweise jeweils nur einen Tropfen auf die Gelenkstellen. Die Tretkurbel rückwärts drehen, damit sich der Ölfilm gleichmäßig verteilt.
- Zum Schluss die Kette mit einem Lappen abwischen, so dass ein leichter Ölfilm zurückbleibt, sonst klebt schnell neuer Schmutz an der Kette.

Kettenverschleiß

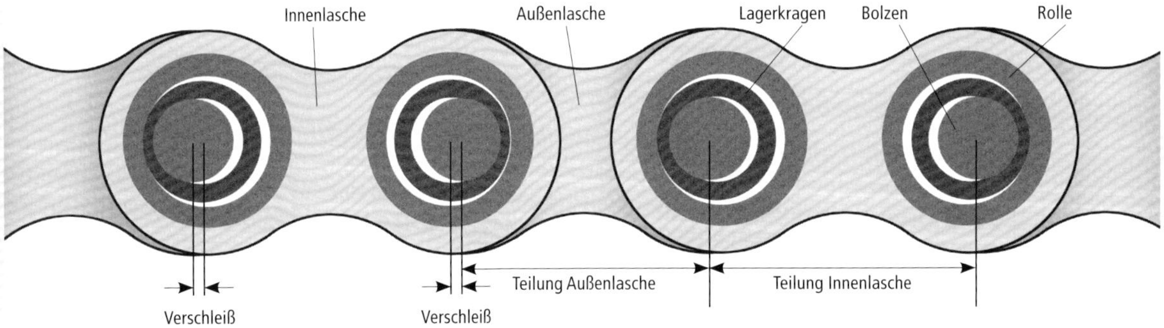

Wer schnell fahren will, muss auch gut anhalten können: Die Bremse

1903 erfand Ernst Sachs die Rücktrittsbremse. Der Fahrer tritt in die Gegenrichtung und löst so den Bremsmechanismus in der Nabe des Hinterrads aus. Bis heute das betriebssicherste Bremssystem, weil es keine Wartung erfordert. Aber längst nicht das effizienteste, weshalb die Rücktrittsbremse bei neueren Rädern kaum mehr üblich ist.

Ein Manko dieses alten Bremssystems liegt schon darin, dass es auf das Hinterrad wirkt. Der bessere Angriffspunkt ist hingegen das Vorderrad, denn im Moment des Bremsvorgangs verlagert sich der Schwerpunkt von Fahrer und Gefährt nach vorne. Der Fachmann nennt das „Radlastverlagerung". Hinzu kommt: Die neueren Bremssysteme packen einfach viel besser zu.

Bremsen heißt, das Gefährt in seiner Bewegung zu verzögern, wenn nicht zum Stillstand zu bringen. In diesem Fall wird Bewegungsenergie in eine andere Energieform umgewandelt, in Wärme. Nach dem Energieerhaltungsgesetz kann Energie nicht verloren gehen, nur umgewandelt werden.

Ein weiteres physikalisches Gesetz: Ein Körper hat das Bestreben, seinen Zustand beizubehalten (Massenträgheit). Daher müssen wir Kraft aufwenden, wenn wir ein Rad in Bewegung setzen. Kraft müssen wir genauso aufwenden, wenn wir diesen sich in Bewegung befindlichen Körper wieder in den statischen Zustand bringen wollen.

Bremsen heißt für den Fahrer also: Kraft ausüben. Früher, bei der Rücktrittsbremse, setzte er seine Beinkraft ein, heute in der Regel seine Handkraft: Er drückt den Bremshebel und zieht somit am Bremsseil. Die Hebelgesetze nutzend, drückt er auf diese Weise die Bremsgummis gegen die Felgenflanke der Laufräder. So jedenfalls im Fall einer sogenannten Felgenbremse. „Gebremst wird, indem zwei Komponenten, die sich während der Fahrt relativ zueinander bewegen, mutwillig Reibung erzeugt wird", so formuliert es Peter Appeltauer, der mit „Das Kleingedruckte beim Radfahren" ein knapp 700 Seiten dickes Buch über die

„Physikalischen Hintergründe Ihres Radsportalltags" und damit gewiss den umfassendsten Wälzer auf diesem Gebiet geschrieben hat.

Die Bremswirkung hängt nun zum einen davon ab, wie stark Sie die Bremshebel betätigen, zum anderen vom Reibwert zwischen den beiden aufeinander treffenden Komponenten. Diese Komponenten können in der Tat unterschiedlich sein: Es gibt zum einen harte und weiche Gummis, zum anderen polierte und eloxierte Felgenoberflächen.

Und dann spielt noch ein dritter Faktor hinein: die Beschaffenheit des Untergrunds, der Zustand der Straße. Jeder weiß aus eigener Erfahrung, dass man auf geteerter Straße ganz anders fährt als auf einem Kiesweg oder gar auf eisglattem Untergrund. Das Fahrgefühl ist anders, erst recht der Bremsvorgang. Denn die Kontaktstelle mit dem Untergrund, die Haftung mit der befahrenen Straße ist letztlich entscheidend für die „negative Beschleunigung", wie Physiker den Bremsvorgang nennen. Denn auch zwischen den sogenannten beiden Radaufstandpunkten, nicht größer als ein Daumennagel, und dem Untergrund kommt es wieder zu Reibung. Je griffiger Reifen und Untergrund, desto höher der Reibwert, desto besser die Verzögerung.

Die Felgenbremse

Wir wollen nun die unterschiedlichen Bremssysteme genauer betrachten. Beginnen wir mit der Felgenbremse, so genannt, weil die Felgenflanken des Reifens für den Bremsvorgang genutzt werden. Zu unterscheiden sind verschiedene Bauarten:

- Die **Seitenzugbremse** findet sich vor allem bei Rennrädern. Ihr Vorteil: Sie ist leicht und einfach gebaut. Besteht aus zwei Bremsarmen, die über Kreuz auf dem Bremsbolzen gelagert sind. Beim Fahren ohne Schutzblech bekommt die Bremse allen Schmutz ab, den die Reifen von der Straße hochwirbeln. Häufiges Säubern ist angesagt. Und danach einen Tropfen Öl auf die Drehgelenke.

- Bei der **Cantileverbremse** sitzen die Bremsarme auf separaten Bremssockeln, die unterhalb der Felge an der Gabel montiert sind. Daher auch die Bezeichnung: cantilever (engl.) bedeutet freitragend. Die Bremsarme stehen weit nach draußen, das ist günstig für die Hebelkraft, stört allerdings bei der Anbringung von Packtaschen.
- Die **V-Bremse** wurde aus der Cantileverbremse entwickelt. Wesentlicher Unterschied: Die Bremsarme wurden steiler gestellt und nach oben verlängert. Heute die Standardfelgenbremse. Zwei Finger am Bremshebel reichen völlig aus, um große Verzögerungswerte zu erzielen. Manche dieser V-Bremsen packen so gut zu, dass sie am Vorderrad sicherheitshalber mit einem Bremskraftbegrenzer ausgestattet sind. Der soll verhindern, dass der Fahrer im Fall einer Vollbremsung respektive Panikbremsung einen Überschlag nach vorne macht. Diese Sicherheitseinrichtung erfüllt ihre Aufgabe aber nur dann zufriedenstellend, wenn sie individuell auf den Fahrer eingestellt werden kann. Andernfalls besteht die Gefahr, dass die Bremse bei einem schweren Fahrer ihre Arbeit viel zu früh einstellt. Denn: Doppeltes Fahrzeuggewicht verlangt doppelte Bremskraft.

Der Gesetzgeber schreibt vor, dass ein Fahrrad „mit zwei voneinander unabhängig wirkenden Bremsvorrichtungen" ausgestattet sein muss. Verständlich, fällt die eine aus, kann der Fahrer immer noch auf die andere zurückgreifen (die hoffentlich gut funktioniert).

Seitenzugbremse

Wikimedia Commons/Andrew Dressel

Cantileverbremse

Bartlomiej Nowak/Shutterstock.com

V-Bremse

Verschleißteile ersetzen

Bremsgummis nutzen sich ab. Normalerweise besitzen sie Rillen als Verschleißanzeige. Sind die nicht mehr zu erkennen, so ist es höchste Zeit, die Bremsbeläge zu tauschen. Sie können zwischen harten und weichen Bremsgummis wählen. Harte nutzen sich nicht so schnell ab. Weiche sind dagegen freundlicher zu Ihrer Felge. Hier gilt es einen Kompromiss zu finden. Bei Felgenbremsen unterliegt auch die Felge einer Abnutzung, vor allem dann, wenn das Fahrrad auch im Winter benutzt wird. Jedweder Schmutz, der sich zwischen den Bremsflächen absetzt, verschlechtert die Bremsfunktion und verschleißt die Flächen. Eine regelmäßige Inspektion ist daher anzuraten. Zur Felgenreinigung eignet sich ein Nylonscheuerschwamm, wie er auch in der Küche verwendet wird: Er schrubbt ausreichend, ohne die Felge zu zerkratzen. Trotzdem: Nach rund 20.000 km kann die Felgenflanke so dünn sein, dass sie dem Reifendruck nicht mehr standhält, dann muss endgültig eine neue Felge her. Sonst kann es plötzlich einmal einen lauten Knall tun – und die Seitenwand ist in Stücke zerfetzt. Viele Felgen besitzen ebenfalls eine Verschleißanzeige, in der Regel ist das eine Rille, die je nach Bauart ab der Verschleißgrenze entweder verschwindet oder zum Vorschein kommt. Achtung: Während bei Felgenbremsen unterschiedliche Bremsgummis verwendet werden können, ist bei Scheibenbremsen jedes Modell nur mit einem speziellen Bremsbelag kompatibel.

Die Reifen sind kurz vor dem Blockieren, aber blockieren noch nicht: Dies ist der Moment mit der maximal erreichbaren Verzögerung. Für den Fahrer eine Sache des Gefühls und der Routine. Genaue Anleitungen oder Zahlenangaben helfen hier kaum weiter. Die Erfahrung zählt! Ob Gerade oder Kurve, Asphalt oder Geröll, jeweils muss die Bremskraft anders dosiert werden.

So viel kann allgemein gesagt werden: Im Unterschied zum Auto muss beim Fahrrad vorrangig ein blockierendes Vorderrad vermieden werden, weil das fast allein die Seitenführung aufrecht erhält. Ein blockierendes Hinterrad beeinträchtigt dagegen die Fahrstabilität weniger.

Die nötige Bremskraft kann der Fahrer nur ausüben, wenn die Bremse richtig eingestellt ist. Stößt er mit dem Bremsgriff am Lenker an, so stimmt die Einstellung definitiv nicht. Faustregel: Die Bremswirkung (Druckpunkt) soll spätestens nach einem Drittel des Hebelwegs einsetzen.

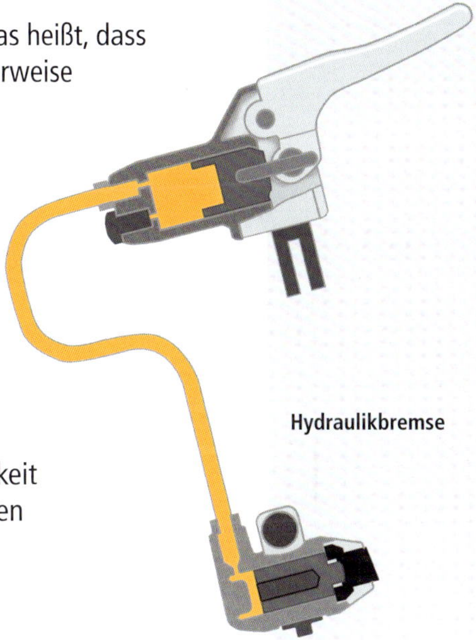

Hydraulikbremse

Das Bremskabel dehnt sich mit der Zeit und die Bremsgummis nutzen sich ab, und das heißt, dass die Bremse von Zeit zu Zeit nachzujustieren ist. Zu diesem Zweck befindet sich üblicherweise am Bremsgriff eine Nachstellschraube, mit der sich die Seilspannung ändern lässt. Drehen Sie diese Schraube etwas heraus, so weit, dass die Bremsgummis wieder 1 bis 2 mm Abstand zur Felge haben. Die Gummis müssen beim Bremsen mittig auf der Felgenflanke zu liegen kommen, dürfen also nicht den Reifen berühren.

Wer es ganz richtig machen will, achtet bei der Einstellung darauf, dass der vordere Teil des Bremsklotzes die Felge etwas früher berührt als der hintere Teil. Diese „Vorspur" verhindert ein Quietschen der Bremsen.

Die Nachjustierung entfällt, wenn Ihr Fahrrad mit einer Hydraulikbremse ausgestattet ist, einer Bremse, bei der eine Öl-Leitung den üblichen Seilzug ersetzt. In diesem Fall stellen sich die Bremsbeläge selbst nach. Weiterer Vorteil: Im Gegensatz zum Drahtseil treten keine Reibungsverluste auf, außerdem ist gute Dosierbarkeit gegeben. Noch ein Plus für diesen Bremsentyp: Hydraulikbremsen benötigen keinen besonderen Wartungsaufwand.

Die Nabenbremse

Die Scheibenbremse ist eine jüngere Entwicklung. Sie wurde aus dem Auto- und Motorradbereich übernommen und erstmals an Mountainbikes montiert. Die Erklärung ist einfach: Mountainbikefahrer sind gerne in unwegsamen Gelände unterwegs, ja, suhlen sich glattweg gerne im Schlamm. Das macht Freude! Nur: Keine Freude hatten sie mit einer Felgenbremse, deren Gummis auf der nassen, dreckverschmierten Felgenflanke keinen Angriffspunkt fanden. Denn: Bei der Felgenbremse ist der Reibwert bei Trockenheit und Nässe ganz unterschiedlich.

Die Lösung war eine Bremsfläche, die erst gar nicht mit dem Schlamm in Berührung kommt: Eine im Vergleich zur Reifenflanke im Radius sehr viel kleinere Fläche, die weit entfernt vom befahrenen Untergrund angebracht ist, in der Reifenmitte, an der Nabe. Der Überbegriff ist daher auch Nabenbremse. Zu dieser Kategorie zählen neben der Scheibenbremse auch die Trommelbremse und die Rollenbremse. Sie alle finden sich mittlerweile auch an hochwertigen Trekking- und Cityrädern.

Jedes System hat seine Vor- und Nachteile. Vorteil der Nabenbremse ist, dass sie weitgehend unabhängig von Witterungsbedingungen funktioniert. Dafür ist sie im Vergleich zur Felgenbremse schwerer. Die kleinere Reibfläche erfordert eine höhere Bremskraft und verursacht überdies eine größere Wärmeentwicklung.

- Die **Scheibenbremse** besteht aus einem Bremssattel mit Bremsbelägen, der vorne an der Gabel oder hinten am Rahmen befestigt ist. Die Bremsbeläge nehmen die Bremsscheibe in die Zange, die an der Nabe hängt.
- Bei der **Trommelbremse** werden zwei Bremsbacken gegen einen Bremszylinder gedrückt. Eine geschlossene Bauweise. Heute weist der Bremszylinder oft eine Kelchform auf, die für verbesserte Wärmeabführung sorgt.
- Die **Rollenbremse** stellt, technisch gesehen, so etwas wie eine Kombination von Trommel- und Rücktrittbremse dar. Im Unterschied zur Trommelbremse wird sie als separater Teil an die Vorderrad- oder Hinterradnabe angeflanscht.

Die Felgenbremse arbeitet mit dem, was schon da ist: dem Reifen, genauer gesagt: der Felgenflanke. Die Nabenbremse erfordert einen zusätzlichen Bauteil, der an der Nabe befestigt wird, und zwar auf einer Seite der Nabe. Gabel und Speichen sind damit asymmetrischen und höheren Belastungen ausgesetzt. Aus diesem Grund müssen, wie bereits im Kapitel „Lenker" gesagt, Gabeln für Nabenbremsen entsprechend ausgelegt und am Ausfallende mit einem „N" gekennzeichnet sein.

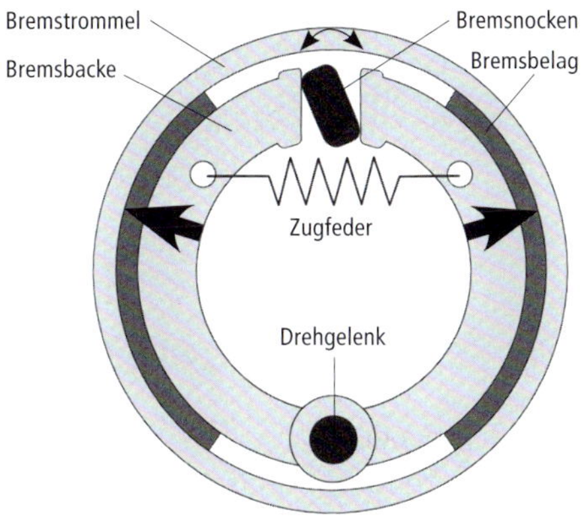

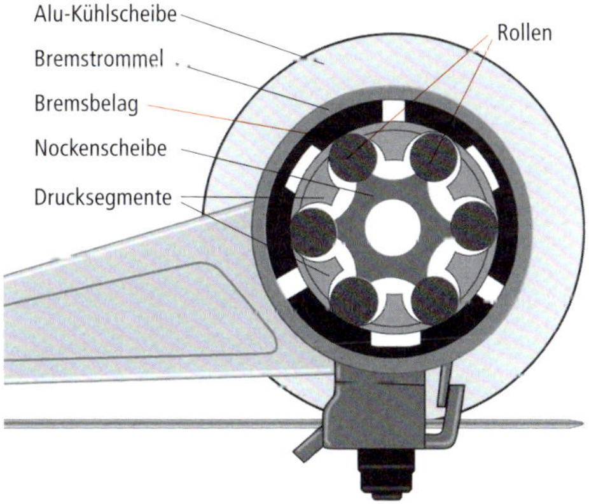

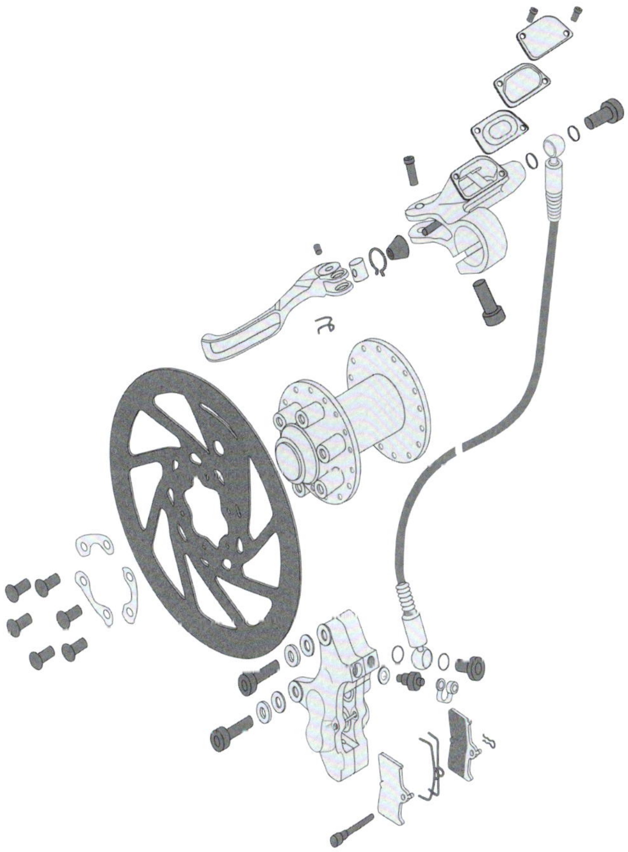

Trommelbremse (li oben)
Rollenbremse (li unten)
Scheibenbremse (re)

Zyklisches Bremsen

Gerade längere Abfahrten stellen die Bremsen vor eine besondere Herausforderung. Der Fahrer sollte Bremsintervalle einlegen, um eine zu große Wärmeentwicklung zu vermeiden. Unter extremer Belastung besteht bei Felgenbremsen die Gefahr, dass Schlauch und Reifen zu wandern beginnen oder gar von der Felge springen. Ein gefürchtetes Phänomen ist das sogenannte „Fading". Die Bremsleistung lässt nach, im Extremfall kommt es bei sehr langen Bergabfahrten zum totalen Bremsversagen. Achtung: Mit zunehmender Fahrgeschwindigkeit steigt die Bremsarbeit im Quadrat. Also: Doppelte Geschwindigkeit führt zu vierfachem Bremsweg.

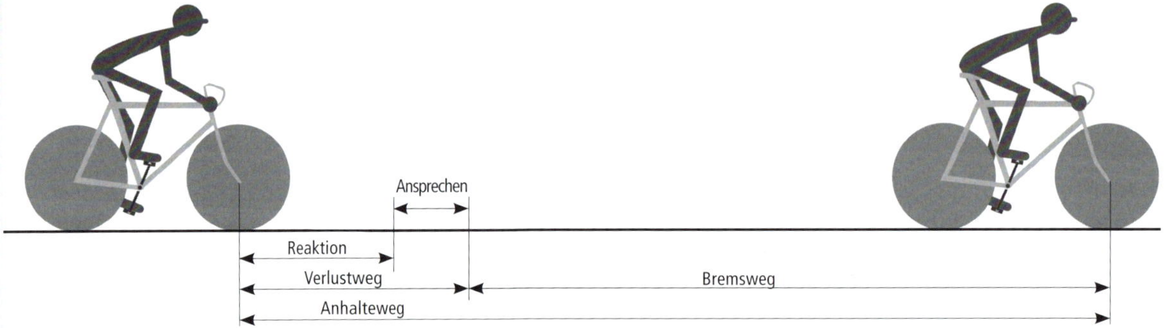

Einheit von Mensch und Maschine

„Ich radle doch nicht, weil mir sonst nichts anderes übrig bliebe oder weil ich nicht auf Entbehrungen verzichten könnte, sondern ganz im Gegenteil aus purer Genusssucht."

Christian Ude, Oberbürgermeister von München

Suche nach dem richtigen Typ und Maß: Was Sie beim Fahrradkauf zu beachten haben

Campagnolo, das muss es sein! Nur dieses italienische Traditionsunternehmen kommt in Frage, sonst niemand! Von dem müssen die Komponenten sein. Es gibt Käufer, die genau wissen, was sie wollen. Allein schon der Name eines bestimmten Herstellers vermag ein Funkeln in ihre Augen zu zaubern. Dann gibt es Käufer, die sich von dem breiten Fahrradangebot regelrecht überfordert fühlen. Sie kapitulieren bereits nach den ersten Erkundungen und Annäherungsversuchen.

Welche Überlegungen sind beim Fahrradkauf anzustellen? Nach welchen Kriterien ist vorzugehen? Welche Fragen sind zu klären? Und worauf müssen Sie als Käufer besonders achten?

Versuchen wir, Schritt für Schritt vorzugehen. Am Beginn steht die zentrale Frage: Wie möchte ich das Fahrrad nutzen? Für die Fahrt täglich ins Büro oder für Wochenendausflüge? Als Verkehrsmittel oder als Sportgerät? Als modisches Accessoire oder als praktisches Fahrzeug? Wie Sie beim Auto zwischen geräumigem Familienvan und sportlichem Zweisitzer wählen können, so gibt es auch auf dem Fahrradsektor unterschiedliche Bauarten, die ganz verschiedenen Ansprüchen gerecht werden.

Wohnen Sie in einer größeren Stadt und ist das Rad als Vehikel für Ihre täglichen Wege gedacht, so bietet sich ein Cityrad an. Auf dem können Sie aufrecht sitzen, womit Sie einen guten Überblick im Straßenverkehr haben. Weiterer Vorteil: Ein Cityrad ist durchaus mit Anzug oder anderer formeller Kleidung kompatibel.

Zieht es Sie mit dem Fahrrad eher hinaus, in die Natur, auf Waldwege, über Stock und Stein, so sind Sie mit einem Mountainbike gut beraten. Es hat grobstollige Reifen, die Sie sicher durch Matsch und Morast bringen. Sind Sie zudem eher der Typ Abenteurer, so passt dieses Rad nicht zuletzt auch in ideologischer Hinsicht zu Ihnen.

Das grazile Gegenstück zum Mountainbike ist das Rennrad. Ein Leichtgewicht, mit dem sich Tempo machen lässt. Gerade in letzter Zeit sieht man es immer öfters in Großstädten. Für dieses Ambiente ist der Flitzer

Saeco

Mark R/Shutterstock.com

Den Mount Tamalpais hinunterstürzen

Es waren ein paar junge Leute in Kalifornien – eher Freaks als angepasste Mitglieder der Gesellschaft, zudem Rauchwaren jedweder Provenienz nicht abgeneigt –, die in den 1970er Jahren Spaß daran fanden, mit umgebauten Cruisern sich den Mount Tamalpais hinunterzustürzen. Ohne Blessuren ging das in der Regel nicht ab, sowohl Fahrer wie auch Fahrzeuge kamen unten ziemlich ramponiert an, wenn sie denn überhaupt ankamen. Damit nicht genug, die jungen Leute entschieden irgendwann, den Schnellsten unter sich zu ermitteln, in den legendären Repack-Rennen, benannt nach einem staubigen und sehr steilen Fußpfad am Mount Tamalpais, den sie mit dem Rad hinunterschossen. Ein Weg, der auf etwas mehr als drei Kilometer Länge mit einem durchschnittlichen Gefälle von immerhin 14 Prozent um 400 Meter abfiel. „Das Markenzeichen der Repackrennen waren Wettkampfgeist und Draufgängertum", schreibt Robert Penn in seinem Buch „Traumrad".

nicht gerade geschaffen, denn er verlangt vom Fahrer eine gestreckte Haltung, mit nach unten geneigtem Kopf. Aber ein Rennrad ist eine schicke Sache, etwas für Ästheten, und dies mag der Grund sein, wieso es immer mehr Anhänger findet.

Ihnen kommt es weniger auf gefällige Anmutung an, Ihnen ist nur wichtig, dass Sie unverschwitzt im Büro ankommen? Dann ist wohl ein Pedelec mit Motorunterstützung das Richtige für Sie.

Weitere Bauarten stellen wir auf ► Seite 75 und 76 im Bild vor. Lassen Sie sich anregen. Eine große Palette steht zur Auswahl.

Käufer haben naturgemäß unterschiedliche Prioritäten. Nun kann es sein, dass Sie vielerlei Erwartungen und Wünsche haben, die ein Fahrrad-Typ allein nicht bedienen kann. In diesem Fall mag die Lösung heißen, sich mehrere Fahrräder unterschiedlicher Bauart zuzulegen. Müssen ja nicht gleich alle auf einmal sein. Und müssen auch nicht teure Neuerwerbungen sein – bekanntlich gibt es auch einen Gebrauchtmarkt. In Holland kommen übrigens auf eine Person im Schnitt drei Fahrräder – und jedes pflegt mit einem eigenen Namen bedacht zu werden.

Mel-nik/Shutterstock.com

Attl Tibor/Shutterstock.com

John Kasawa/Shutterstock.com

Tom Saga/Shutterstock.com

Ovi M/Shutterstock.com

John Kasawa/Shutterstock.com

CHEN WS/Shutterstock.com

FCG/Shutterstock.com

Christiania Bikes

Toxy Liegerad GmbH

Gena_73/Shutterstock.com

Stiftung Warentest

www.pd-f.de/koga.com

steamroller_blues/Shutterstock.com

hamurishi/Shutterstock.com

MAK

wacpan/Shutterstock.com

tofumax/Shutterstock.com

Die passende Rahmengröße

Nach mehr oder weniger intensiver Erforschung Ihrer Bedürfnisse werden Sie zu einem Ergebnis gekommen sein. Sie wissen nun, welche Art von Fahrrad es sein soll. Als Nächstes kommt es darauf an, die richtige Größe zu finden. Wichtig: Nicht Sie haben sich den Fahrradmaßen anzupassen, sondern umgekehrt: Das Fahrrad muss von seiner Rahmengröße und -geometrie Ihren Körpermaßen entsprechen.

Mensch und Maschine haben eine funktionelle Einheit zu bilden. Sinn der Maschine ist schließlich, dem Menschen das Leben zu erleichtern – und ihm nicht etwa Schmerzen oder anderweitige Beschwerden zu bereiten. Das ideale Fahrrad ist zugleich komfortabel und effizient. Auf ihm sitzen Sie einerseits bequem und können andererseits Ihren Muskeleinsatz optimal übertragen.

Der Mensch ist mit dem Fahrrad über drei Kontaktpunkte verbunden: den Lenker, den Sattel und die Pedale. Feinanpassungen können jederzeit vorgenommen werden, etwa indem die Sattelhöhe geändert oder ein längerer Vorbau gewählt wird. Doch das Grundgerüst, sprich der Rahmen, muss passen. Das ist die wichtigste Voraussetzung. Zur ersten Grobeinschätzung: Sie nehmen das Rad zwischen Ihre Beine. Stoßen Sie, mit beiden Füßen auf dem Boden stehend, dabei mit Ihrem Schritt ans Oberrohr, so ist dieses Rad definitiv zu groß für sie. Dazwischen sollte etwas Spiel sein.

Je kleiner der Fahrer, desto kleiner muss auch der Rahmen sein. So lautet eine leicht nachvollziehbare Regel. Die Fahrradindustrie operiert zu diesem Zweck vordringlich mit einem Maß: der Rahmenhöhe, gemessen von Tretlagermitte bis Oberkante Sitzrohr (so jedenfalls die „deutsche" Messung. Die „italienische" nimmt den Abstand von Tretlagermitte bis Mitte Oberrohr).

Sie sind 1,80 m groß und suchen ein Cityrad? Dann sollten Sie eine Rahmenhöhe von 57 cm wählen. Der nachfolgenden Tabelle (► Seite 78) entnehmen Sie bitte, welche Rahmenhöhe zu welcher Körpergröße passt. Manche Hersteller geben die Rahmenhöhe in Zoll an, 1 Zoll = 2,54 cm.

Eine andere Methode zur Ermittlung der passenden Rahmenhöhe nimmt als korrespondierendes Maß die Innenbeinlänge (Schrittlänge) des Fahrers. Diese Methode ist gerade im Radsport beliebt. Hier gilt: Die

steamroller_blues/Shutterstock.com

Rahmenhöhe

Körpergröße und ungefähre Rahmenhöhe

Körpergröße (cm)	City- bzw. Trekkingrad (cm)	Mountainbike (Zoll)	Mountainbike (cm)	Rennrad
155 – 160	38 – 44	13,5 – 14,5	34 – 37	48 – 51
160 – 165	44 – 48	14,5 – 15,5	37 – 41	51 – 53
165 – 170	48 – 51	15,5 – 17	41 – 43	53 – 55
170 – 175	51 – 54	17 – 18,5	43 – 47	55 – 57
175 – 180	54 – 57	18,5 – 19,5	47 – 50	57 – 59
180 – 185	57 – 60	19,5 – 21	50 – 53	59 – 61
185 – 190	60 – 63	21 – 22	53 – 56	61 – 63
> 190	ab 64	> 22	> 56	ab 64

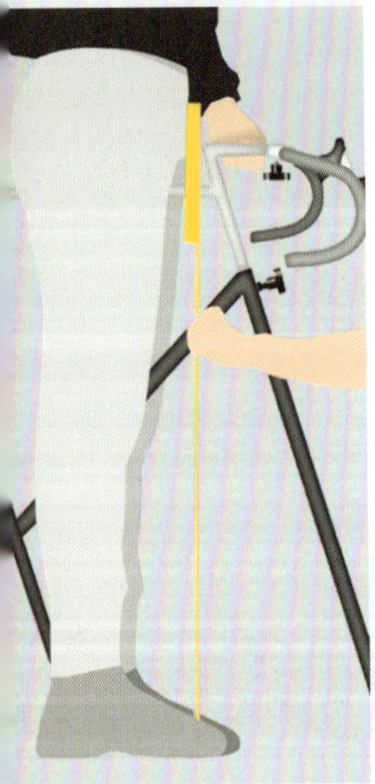

gemessene Innenbeinlänge mit 0,66 multipliziert ergibt die richtige Rahmenhöhe. Beide Verfahren bieten einen guten Überblick, haben aber einen Haken: Sie gehen jeweils von einem „Durchschnittsmenschen" aus, von einem Menschen mit „durchschnittlichen" Proportionen.

Nun entsprechen viele Menschen in der Tat jenem „Durchschnittsmenschen", aber nicht alle. Zwei Menschen können 1,90 m groß sein und sich doch in ihren Proportionen fundamental unterscheiden, der

Sind Sie Durchschnitt?

Falls Sie sie nicht ohnehin schon kennen, messen Sie bitte Ihre Körpergröße. Und multiplizieren dieses Maß, wenn männlich, mit 0,483. Frauen multiplizieren mit 0,503. Entspricht das Ergebnis Ihrer (fallweise auch zu messenden) Innenbeinlänge, dann sind Sie „Durchschnitt", das heißt, Ihre Maße entsprechen den üblichen Proportionen. In dem Fall können Sie sich beim Fahrradkauf bedenkenlos an den obigen Tabellen orientieren. Im anderen Fall müssen Sie nach einer individuellen Lösung suchen.

eine mag lange Beine und einen kurzen Rumpf haben und bei dem anderen mag es sich genau umgekehrt verhalten. Und das heißt dann: Diese beiden Personen benötigen zwei unterschiedliche Rahmen.

Ein guter Arzt unterscheidet sich von einem schlechten dadurch, dass er nicht nur die Krankheitssymptome betrachtet, sondern auch den ganzen Menschen. Ähnlich beim Fahrradkauf: Es genügt nicht, die Körpergröße (oder die Innenbeinlänge) zu messen, es gehören auch mögliche individuelle Besonderheiten berücksichtigt. Bei einem Menschen mit kurzen Beinen und langem Oberkörper mag es angebracht sein, eine gegenüber dem Standard kleinere Rahmenhöhe zu wählen, dazu einen Lenker-Vorbau mit einem länger vorstehenden Teil. Wie gesagt: Feinanpassungen sind jederzeit möglich. Der Sattel kann nach vorne oder hinten verschoben, waagrecht oder schräg ausgerichtet werden. Welche Position „richtig" ist und passt, weiß letztlich allein der Fahrer. Auch da hat jeder seine speziellen Vorlieben.

Das richtige Maß

Im Folgenden einige Faustformeln zur korrekten Ausrichtung der drei Kontaktpunkte Sattel, Lenker und Pedale – verstanden als Orientierungshilfe, keineswegs als strenge Vorgaben. Sie kennen das ja vom Arztbesuch: Bei ein und demselben Leiden empfiehlt jeder Arzt etwas anderes. Nicht viel anders auf dem Fahrradsektor: Auch da tummeln sich unzählige Meister mit unterschiedlichen, ja gegensätzlichen Empfehlungen.

Die Sattelhöhe ist so einzustellen, dass Sie zum einen mit den Fußspitzen den Boden gerade noch berühren. Und zum anderen mit einer Ferse bei fast, aber nicht ganz durchgestrecktem Bein das unten liegende Pedal erreichen. Aus Sicherheitsgründen darf die Sattelstütze nicht zu weit herausgezogen werden. Sofern nicht anders markiert, müssen mindestens 6 bis 7 cm im Sitzrohr bleiben. Eine geringere Sattelhöhe ist kippsicherer, belastet aber auf Dauer die Knie. Normal ist die waagrechte Sattelausrichtung. Besteht das Problem, dass die Genitalien während der Fahrt Beschwerden verursachen, können Sie versuchen, den Sattel etwas nach vorne zu neigen, um den Druck auf den nervus pudendus zu verringern. Reicht das nicht aus, sollten

Sportlich gestreckte Sitzposition

Geneigte Sitzposition

Aufrechte Sitzposition

Falsche Sitzposition

Sie vielleicht zu einem Sattel mit einer Mulde in der Mitte wechseln.

Ob aufrecht, geneigt oder gestreckt, welche Haltung Sie favorisieren, hängt von Ihrer persönlichen Vorliebe ab. In jedem Fall darf der Abstand zum Lenker nicht zu groß sein, allerdings auch nicht zu klein, weil Sie sonst zu einem Rundrücken gezwungen werden. Wichtig ist, dass das Rückgrat seine natürliche S-Form, mit der typischen Wölbung im Lendenbereich nach vorne (Lendenlordose), beibehalten kann. Beim Rennrad gilt die Regel: Bei Anfängern sollten Lenker und Sattel auf gleicher Höhe sein. Bei geübten Fahrern darf der Lenker auch etwas tiefer liegen. Die Position des Lenkers und damit die Oberrohrlänge ist dann in Ordnung, wenn der Abstand zwischen Sattelspitze und Lenker in etwa der Länge Ihres Unterarms vom Ellbogen bis zu den Fingerspitzen entspricht („Ellenbogentest").

Die Griffhaltung stimmt, wenn das Handgelenk gerade ist, das heißt Unterarm und Hand eine Linie bilden. Auf den äußeren Handballen sollte nicht zu viel Druck liegen, weil dort der empfindliche Ulnarisnerv verläuft. Die Lenkerbreite sollte der Schulterbreite entsprechen. Mountainbiker bevorzugen allerdings der größeren Hebelkraft wegen eine größere Lenkerbreite.

Die beste Kraftentfaltung erzielen Sie, wenn der Ballen direkt über der Pedalachse liegt. Zur Feineinstellung verschieben Sie Ihren Sattel so nach

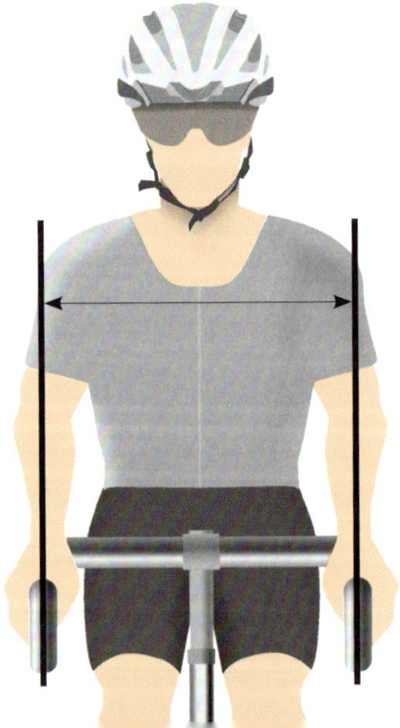

Lenkerbreite

vorne oder hinten, dass sich Ihre Kniescheibe genau senkrecht über der Pedalachse befindet. Mit dem Ballen und nicht mit der Fußmitte, wie manche irrtümlich glauben, geben Sie Ihre Muskelkraft optimal an die Maschine weiter. Weitere Regel: einem leichten gegenüber einem schweren Gang den Vorzug geben. Unser Körper tut sich mit Dauerleistung leichter als mit kraftvollem Einsatz, da ist die Energie bald einmal aufgebraucht.

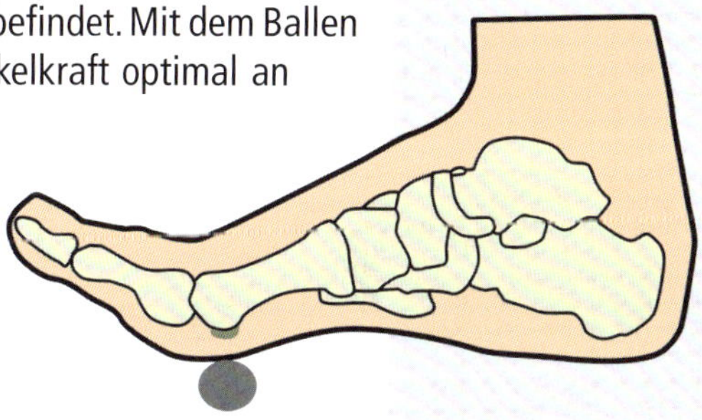

Abseits aller Formeln und Richtwerte: Ob ein Fahrrad die richtige Größe hat und zu Ihnen passt, lässt sich natürlich am besten bei einer Probefahrt ermitteln. Was im Umkehrschluss heißt: Wo keine Möglichkeit zu einer Probefahrt besteht, da sollten Sie auch von einem Kauf absehen.

Mechaniker mit Leib und Seele: Seit einem halben Jahrhundert im Geschäft

Besuch bei Wolfgang Brunner, dem letzten in Wien noch tätigen Fahrradmechanikermeister

Auf dem Ladentisch des Fahrradladens steht ein Aschenbecher. Früher mag das in Geschäften alltäglicher, kundenfreundlicher Brauch gewesen sein, heute erscheint das höchst ungewöhnlich, ja anachronistisch. Ungewöhnlich ist auch Beruf des Ladeninhabers. Wolfgang Brunner ist Fahrradmechanikermeister – der letzte in Wien noch tätige, denn seit den 1970er Jahren kann man diesen Beruf nicht mehr erlernen, seit nämlich die bis dahin gültige Gewerbeordnung von 1860 geändert wurde.

Brunner ist 70 Jahre alt. Begonnen hatte er eine Fahrradmechanikerlehre im Jahr 1956, die dreieinhalb Jahre dauerte. Er schaffte die Meisterprüfung und machte sich bald darauf selbständig, erst in Wien-Margareten, später übernahm er ein Fahrradgeschäft in Wien-Ottakring, in jenem Bezirk, in dem er auch zu Hause ist. Und dieses Geschäft führt er auch heute noch. Ein Eckladen in der Degengasse. Sie ist alles andere als eine belebte Einkaufsstraße. Hier wohnen die Menschen, hier gehen sie nicht einkaufen.

Ein Geschäft also weitab vom Schuss. Trotzdem kann sich Brunner nicht über ausbleibende Kundschaft beklagen. Im Gegenteil, in der Branche ist der Herr, der stets einen Hut zu tragen pflegt, auch bei der Arbeit – noch so etwas Anachronistisches –, bestens bekannt. Und das liegt daran, dass er, erstens, schon lange genug im Geschäft ist und, zweitens, sich überaus umtriebig zeigt. Er hält unter anderem regelmäßig Vorträge in der Volkshochschule zum Thema „Check dein Fahrrad".

An der Wand hängt ein Kruzifix – und gleich daneben eine ganze Reihe von Fahrradfelgen. In der einen Ecke türmen sich Pedale, in der anderen Fahrradleuchten. Kein Millimeter bleibt in Brunners Fahrradladen ungenutzt. Wohin das Auge blickt: überall Fahrradteile. Jedes Kinderzimmer ist besser aufgeräumt. Oder freundlicher ausgedrückt: Hier herrscht das schönste Chaos. Für den Chef hat freilich alles seine Ordnung. Ein Griff genügt, und er hat das gewünschte Teil.

Ein Kunde kommt herein. Er bräuchte für sein Moped ein Stück Benzinschlauch. Kein Problem. In einem seiner unzähligen Kartons findet es Brunner auf Anhieb. Macht zwei Euro.

Vor wenigen Jahren hat Brunner auch noch Mopeds repariert. Nun konzentriert er sich auf sein Kerngeschäft, das Fahrrad. Nicht der Fahrradverkauf, sondern Reparaturen machen den Hauptteil seiner Arbeit aus. Je kniffliger ein Problem, desto interessanter für Brunner. Dann blüht er richtig auf. Wie der Besucher sehr bald merkt, ist er Mechaniker mit Leib und Seele.

1946 kam Brunner nach Wien. Aus der Nähe von Magdeburg stammt er, Ostdeutschland. Während seiner Fahrradmechanikerlehre lernte er Rahmen bauen, Gewinde drehen, Gabeln ausrichten, mit der Rohrbiegemaschine umgehen – und natürlich auch „Patschen picken". Es war die Nachkriegszeit, die Zeit des Aufbaus.

Autos waren noch ein Luxusgut, die Leute fuhren mit dem Fahrrad, das konnten sie sich leisten. Damals gab es, erzählt Brunner, rund 100 Fahrradgeschäfte in Wien. Viele von ihnen bauten selbst Räder, Marken wie Select, Argo oder National. Von den vielen Herstellern haben in Österreich im Grunde nur zwei überlebt: Simplon und KTM. Das eine Unternehmen hat seinen Sitz in Hard (Vorarlberg), das andere in Mattighofen (Oberösterreich).

Es schneit, Schnee liegt in den Straßen. Die kalte Jahreszeit ist schlecht fürs Geschäft. Das ist heute so, und das war auch schon früher so, mit dem Unterschied, dass Brunner früher, in seiner Lehrzeit, die Flaute damit überbrückte, Stahlkanten an Skier zu montieren. Doch diese Dienstleistung ist nicht mehr gefragt.

Nach der Mittagspause erst einmal eine Zigarette. Wolfgang Brunner nimmt einen tiefen Zug und bläst den Rauch genussvoll aus. Ja, früher sei alles anders gewesen. Wenn er nur an den Fahrradrahmen denke, der sei einst aus Stahl gebaut worden. Und wie er so erzählt, bekommt er leuchtende Augen: „Ein herrliches Material! Stahl ist stabil und gibt nach. Ganz im Gegensatz zu Aluminium: Das ist nur starr. Ein Stahllenker zeigt an, bevor er bricht. Er verbiegt sich. Ein Aluminiumlenker reißt dagegen sofort ab." Einfach so, von einem Moment auf den anderen. Und so etwas tut Brunner in seiner Mechanikerseele sichtlich weh, sehr weh.

Auch die Rahmengeometrie habe sich geändert. „Der Radstand war früher größer. Sie konnten ohne Schwierigkeiten freihändig fahren, das ist heute nur noch schwer möglich." Na gut, konzediert Brunner, manches sei auch besser geworden, so beispielsweise die Gangschaltung. Einen Rahmen verstärken, ein zusätzliches Rohr einziehen: Wovon Sportgeschäfte tunlichst ihre Finger lassen, schon aus Haftungsgründen, da ist Brunner ganz in seinem Element. „Ich tüftele gerne und freue mich über besonders knifflige Reparaturfälle." Schweißen und Löten sind ihm im Laufe der Jahre in Fleisch und Blut übergegangen. Und Röhren und Muffen sind ihm so vertraut wie seine rechte Hosentasche.

Es gibt sie noch, die unverdrossenen Radfahrer, die selbst Schnee nicht schrecken kann. So einer kommt ins Geschäft, ein Stammkunde. Das hintere Schutzblech hat sich bei seinem Fahrrad gelöst. Ob das noch heute repariert werden könne, morgen brauche er das Rad wieder. Ist doch selbstverständlich! Brunner macht sich im hinteren Raum, der Werkstatt, sofort an die Arbeit. „Der Clemens" hilft ihm dabei. Das ist sein Kollege, sein Angestellter.

Einige Zeit werde er noch arbeiten, dann endgültig aufhören. Schließlich sei er nicht mehr der Jüngste. Langweilig, sagt er, werde ihm gewiss nicht werden. Es gebe genug zu tun. Bücher lesen und Wanderungen machen. Dann werde er „dem Clemens" den Fahrradladen übergeben, mit gutem Gefühl. Denn auch „der Clemens", obwohl um etliche Jahre jünger, halte das gute alte Handwerk hoch.

Radfahren ist Bewegung im Freien: Welche Kleidung ist ratsam?

Sie suchen ein Fahrradtrikot, hinten etwas länger geschnitten, zum Schutz der Nieren, außerdem soll es schön dezent sein, in einem dunklen Blau. Machen Sie sich keine Illusionen! Egal, welches Sportgeschäft Sie aufsuchen, Sie werden solch ein Trikot nicht finden. Denn das gibt es ausschließlich in bunten, ja schrillen Farben. Oder es weist irgendeinen Schriftzug auf.

Auffallende Farben haben Signalcharakter, das ist gut, um vom Autofahrer wahrgenommen zu werden. Doch eine Augenweide sind sie nicht! Sportlich und dezent, das ist eine Kombination, die die Textilhersteller offensichtlich nicht kennen. Was sie dagegen kennen, sind hautenge Radlerhosen aus Lycra.

Der sportliche Fahrer wählt gerne sogenannte Funktionswäsche. Nur: Je mehr sie kann, desto mehr fühlt sie sich auf der Haut nach „Chemie" an. Gewiss ist zu begrüßen, dass diese Textilien schneller trocknen als „normale" Wäsche, doch unumstritten sind sie nicht. Denn sie enthalten nicht selten Nanosilber und andere Partikel, die, vorsichtig formuliert, als nicht unbedenklich gelten. Sie stehen im Verdacht, Allergien auszulösen und die Antibiotikaresistenz zu erhöhen (► KONSUMENT 6/2012).

Radlerkleidung muss ja auch nicht zwingend sein. Im Unterschied zu anderen Sportarten wie Tennis oder Golf verlangt Radfahren keinen bestimmten Dresscode. Der Radfahrer kann sich etwa auch in Tweed kleiden. In Wien gibt es eine Radlergemeinde, die sich für diesen klassischen englischen Wollstoff stark macht. Sie unterhält eine eigene homepage (www.tweedride.at) und lädt regelmäßig zu Tweed-Ride-Ausfahrten ein, die gerne mit einem Picknick im Grünen ihren Ausklang finden. „In England war Tweed immer auch Arbeiterkleidung. Es handelt sich dabei um einen Vorläufer von Gore Tex. Vor nicht allzu langer Zeit ist man auf der Suche nach robusten, atmungsaktiven und regenabweisenden Materialien bei Schafwolle angelangt. Wir zeigen vor, dass man zum Radfahren keine bunten Bergsteigersachen braucht", sagt einer der Initiatoren, David Marold. Ihre Kleidung fänden sie großteils auf Flohmärkten oder auf dem Dachboden der Oma.

Naturgemäß repräsentieren Tweed-Fahrer den denkbar größten Kontrast zum sportlichen Radler mit seiner gelegentlichen Neigung zu ehrgeiziger Verbissenheit. Spaß und Flanierfreude gegen Schweiß und Anstrengung. „Wir wollen vorführen, dass man beim Radfahren nicht hetzen muss", sagt Marold.

In jeder Kleidung steckt ein kleines Stück Weltanschauung, Das gilt auch für den Radfahrer. Ebenso gilt: Nichts mehr ist unmöglich. Das Fahrrad erlaubt alles.

Auf kurzen Strecken spricht nichts gegen Bürokleidung. Selbst leichtsinnige Radfahrerinnen mit High Heels sieht man neuerdings immer öfter in den Metropolen. Bei der Hose ist darauf zu achten, dass sie mit der Kette nicht in Kontakt kommt.

tescoma
FRW
Bicycles
RDZ
RISCALDAMENTO A PAVIMENTO

Bei Alltagskleidung ist das Kriterium, ob kürzere oder längere Strecken zurückzulegen sind. Um sich das Leben nicht unnötig schwer zu machen, werden Sie insbesondere bei größeren Distanzen leichte und bequeme Kleidung favorisieren.

Dass die Zahl der Radfahrer immer mehr zunimmt, auch und gerade in sogenannten kaufkräftigen Kreisen, das haben die Modehäuser richtig erkannt. Mit Hosen und Hemden, Mänteln und Jacken, die einerseits schön und andererseits funktionell sind, wenden sie sich speziell an diese Klientel. Ihre Radkleidung ist praktisch, aber nicht schrill. Jeans etwa mit verstärktem Hinterteil. Oder Damenschuhe aus reflektierendem Material, modisch und zugleich praktisch.

Die Kleidung, in der viel Designer-Arbeit steckt, ist nicht gerade billig. Eine für Radfahrer maßgefertigte Hose kann da schon einmal 500 Euro kosten – so viel wie manches Fahrrad.

Waren es anfangs Hersteller wie Rapha, Outlier, Giro oder Campagnolo, die den Markt für sich entdeckten und Anzughosen, Sakkos, edle Handschuhe und Leibchen aus edlem Material vertrieben, so wartet inzwischen auch der schwedische Diskonter H&M mit einer eigenen Fahrrad-Kleidungskollektion auf.

Fahrradfahren ist Bewegung im Freien. Der Fahrer hat kein Dach über dem Kopf, das ihn vor den Unbilden des Wetters schützt. Eine Lücke, die gerade auf den Outdoorbereich spezialisierte Firmen zu schließen suchen. Sie offerieren spezielle Regenkleidung und versprechen umfassenden Schutz von oben bis unten. Angefangen bei Gamaschen für die Schuhe über Hosenüberzug bis hin zur Kopfbedeckung. Wasserdicht und atmungsaktiv sei diese Kleidung, heißt es. Erwarten Sie allerdings keine Wunderdinge. Derart dick eingepackt, wird schon eine geringe Anstrengung genügen, dass Sie mit Sicherheit nass werden, von innen, vom eigenen Schweiß – „atmungsaktiv" hin oder her. Falls das auf dem Weg zum Arbeitsplatz passiert: Immerhin tragen manche Arbeitgeber dem Trend der Zeit schon Rechnung und stellen ihren Mitarbeitern Duschen am Arbeitsort zur Verfügung. Auf dass sich frisch mache, wer verschwitzt ankommt.

Die ersten Tritte

FamVeld/Shutterstock.com

„Das Leben ist wie ein Fahrrad: man muss sich ständig vorwärts bewegen, um nicht das Gleichgewicht zu verlieren.“

Albert Einstein (1879 – 1951), theoretischer Physiker und Nobelpreisträger, in einem Brief an seinen Sohn Eduard

Marcel Jancovic/Shutterstock.com

Aller Anfang ist leicht: Kinder lernen Fahrrad fahren

Eines Tages macht er sich einfach auf. Vom Taubenmarkt in Traunstein die Schaumburgerstraße hinunter, am Stadtplatz vorbei, und dann immer weiter, das Ziel ist die Tante Fanny im 36 km entfernten Salzburg. Acht Jahre ist der Bub und wild entschlossen zu einer großen Tour auf dem Steyr-Waffenrad seines „Vormunds". Es fährt einfach los, gepackt von Abenteuerlust und unendlichem Freiheitsdrang, niemandem hat er Bescheid gesagt. Dass das Fahrrad für ihn viel zu groß ist und er nicht einmal auf den Sattel reicht, kümmert unseren kleinen Fahrer nicht. „Wenn ich auf der Geraden für einen Augenblick die Augen zumachte, kostete ich die Glückseligkeit des Triumphators ... So also begegnet der Radfahrer der Welt: von oben! Er rast dahin, ohne mit seinen Füßen den Erdboden zu berühren, er ist ein Radfahrer, was beinahe so viel bedeutet wie: Ich bin der Beherrscher der Welt."

Diese Eloge auf das Fahrrad stammt von Thomas Bernhard. In der autobiographischen Erzählung „Ein Kind" berichtet der österreichische Autor von dem wunderschönen Freiheitsgefühl, das ihm dieses Gefährt als Kind verschafft hat. Bis zu seiner Tante Fanny sollte er es damals im Übrigen nicht schaffen, denn hinter Straß riss die Kette und verhängte sich in den Speichen. Und so blieb dem kleinen Ausreißer nichts anderes übrig, als das Fahrrad die ganze Strecke wieder zurückzuschieben, bis in die Morgenstunden des nächsten Tages.

Viele Schriftsteller, von Albert Camus über Ernest Hemingway bis Henry Miller, haben in ihren Erzählungen und Romanen dem Fahrrad ein Denkmal gesetzt. Von Thomas Bernhard stammt das vielleicht schönste Stück Literatur, das den Erstkontakt mit dem Rad festhält.

Das Kind als Mitfahrer

Bevor Kinder selbst in die Pedale treten, lernen viele das Fahrrad zunächst als Beifahrer kennen, vom Kindersitz aus. Früher war der häufig vorne angebracht, an der Lenkstange, Fahrer und Kind hatten den gleichen Blick, auf die Straße, die vor ihnen lag. Inzwischen muss das mitfahrende Kind, so will es die österreichische Fahrradverordnung, hinter dem Fahrer Platz nehmen, und so schaut es gezwungenermaßen mehr oder weniger ständig auf dessen Rücken.

Doch es gibt Alternativen. Beispielsweise das Lastenrad mit Transportkiste. „Transportkiste" ist die – freilich etwas abfällig anmutende – Bezeichnung für die kommode Sitzgelegenheit, die sich den Kleinen gleichsam zu Füßen des Fahrers eröffnet. Eine weitere Möglichkeit ist der Kinderanhänger, der hinten am Fahrrad montiert wird. Oder das Kinderrad, das am Zugfahrzeug fix montiert wird: das Trailer-bike. Geeignet für Kleine, die gerne mitstrampeln (und nicht so schnell einschlafen).

Der große Vorteil von Transportkiste und Kinderanhänger ist, dass – je nach Modell – zwei oder mehr Kinder mitgeführt werden können. Auf dem Fahrrad ist dagegen ausschließlich ein Mitfahrer im Kindersitz zugelassen.

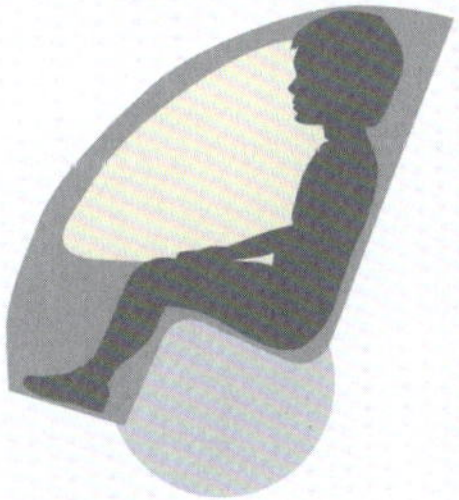

Sitzposition im Kinderanhänger

Das erste Fahrzeug

Das erste aus eigener Kraft angetriebene Fahrzeug ist für Kinder ab zweieinhalb Jahren meist das Laufrad – nicht zufällig führt es den gleichen Namen wie die einst von Freiherr von Drais entwickelte Maschine, denn hier wie dort stößt sich der Fahrer mit den Fußspitzen ab. Das

MS Foto Group/Intersport

Tatyana Vyc/Shutterstock.com

Besser ohne Stützräder

Früher hatten Kinderräder gewöhnlich Stützräder. Gut gemeint, doch das ist bekanntlich das Gegenteil von gut, so auch in diesem Fall: Mit Stützrädern muss sich das Kind in Kurven nach außen legen und das kurvenäußere Rad belasten – später beim einspurigen Fahrrad ist es genau umgekehrt. Ebenso funktionieren Anhalten und Anfahren jeweils anders. Stützräder sind also nicht unbedingt eine Hilfe, im Gegenteil, sie erfordern später ein Umlernen.

Laufrad ist bestens dafür geeignet, dass das Kind eine Fähigkeit ausbildet, die es später, wenn es mit etwa fünf Jahren aufs „richtige" Fahrrad umsteigt, dringend benötigt: Balance zu halten. Ständig führt es kleine Korrekturbewegungen mit dem Lenker aus, die dazu dienen, nicht umzufallen.

Kein Mensch käme auf die Idee, dem Kleinkind Anleitungen in der Art zu geben: „Drohst du nach links umzufallen, musst du schnell genau in diese Richtung lenken." Kinder machen einfach. Das ist das Schöne – und aus Erwachsenensicht oft auch Beneidenswerte. Kinder brauchen keine oder nur sehr wenige Anleitungen. Sie lernen am besten durch Zuschauen und Ausprobieren. Was sie vor allem benötigen, sind Platz und Zeit zum Üben. Nicht zu vergessen Lust und Mut, um sich auf das Abenteuer Rad einzulassen.

Manchmal hilft auch ein kleiner Schubser durch die Eltern. Das Fahrrad kommt in Fahrt, und im Idealfall nimmt das Kind den Schwung auf und tritt in die Pedale. Werden so die ersten Meter auf dem Fahrrad geschafft, kann sich schnell ein Hochgefühl im Kind einstellen: Ich bin Herr über die Maschine.

„Das Fahrrad ist das sehnsüchtig erwartete erste Transportmittel all jener von uns, deren Herzen gerne mit ihnen durchgehen. Unser erstes Fahrrad ist eine Sache der über Bordsteine springenden und durch Pfützen platschenden Befreiung; ein Fahrrad bedeutet Freiheit von Beaufsichtigung, von Fahrgemeinschaften und elterlichen Ausgangssperren." So formuliert es Lance Armstrong, ehemaliger amerikanischer Radprofi, der sieben Mal hintereinander die Tour de France gewann (und später des Dopings überführt wurde). Es gibt kaum etwas Besseres zur Unterstützung des kindlichen Bewegungsdrangs als das Fahrrad. Auf den zwei Rädern schrumpft die Welt ein ganzes Stück.

Radfahren ist das eine, Straßenverkehr das andere

Natürlich braucht es Zeit und Übung, um nach und nach die unterschiedlichen Fähigkeiten zu erlernen, die das Radfahren erfordert. So die Koordination von Bremsen, Lenken, Balancieren und Treten. Das Einschätzen von Geschwindigkeit. Das Erkennen von Gefahren. Das Abschätzen von Entfernungen. Das Verständnis für den Straßenverkehr. Die Beispiele zeigen, dass nicht nur motorische, sondern auch kognitive Fähigkeiten erforderlich sind. Erst mit 12 Jahren (bzw. 10 Jahren nach Absolvierung der Radfahrprüfung) darf ein Radfahrer am Straßenverkehr teilnehmen, sprich: auf der Straße fahren. Vorher nur mit einer mindestens 16 Jahre alten Begleitperson. Diese Einschränkung hat gute Gründe: Einer ist, dass sich Kinder entwicklungsbedingt sehr schnell ablenken lassen und es daher an der Konzentration vermissen lassen, die im Straßenverkehr (überlebens-)notwendig ist. Um es noch einmal zu betonen: Das Radfahren verlangt eben nicht nur motorische, sondern auch kognitive Fähigkeiten. Hinzu kommt, dass Kinder bis zum 12. Lebensjahr ein noch nicht voll ausgebildetes Blickfeld haben. Daher haben sie Schwierigkeiten, seitlich herannahende Fahrzeuge und andere Verkehrsteilnehmer wahrzunehmen.

Gerade Volksschulkinder verlassen sich im Vogel-Strauß-Umkehrschluss gerne darauf, dass sie von jedem gesehen werden, den sie selbst sehen können. Ein gefährlicher Irrglaube! Sie müssen erst noch lernen, dass sie stets Blickkontakt mit anderen Verkehrsteilnehmern herstellen müssen. „Sehen und gesehen werden", so lautet die Überlebensstrategie im Straßenverkehr.

Lieber gebraucht und gut als neu und schlecht

Ein Kinderfahrrad darf nicht allzu viel kosten, sagen sich viele Eltern. Schließlich wird es nur kurze Zeit in Gebrauch sein, so lange, bis das Kind auf ein größeres Rad umsteigt. Meist beginnt es mit zwölf Zoll großen Rädern, dann folgen 16, 20 und 24 Zoll. Da die Bereitschaft zu größeren Ausgaben beim Kunden nicht

gegeben ist, werden viele Kinderräder in der Tat billig, das heißt in minderer Qualität hergestellt. Das kann sich etwa darin äußern, dass die Bremse nicht kindgerecht ist, nämlich ungeheuren Kraftaufwand erfordert. Oder das Pedal schon bald kaputt geht.

Kinderfahrradgröße/Nutzungszeitraum in Relation zu den relevanten körperlichen Größen
(Durchschnittswerte – unbedingt selbst messen!)

Kindesalter (Jahre)	Körpergröße ca. (cm)	Schrittlänge ca. (cm)	Sattelhöhe höchstens (cm)	Fahrradgröße (d: Felge in Zoll)
1 – 1,5	86	33	31	nur Laufräder
1,5 – 2	92	37	35	nur Laufräder
2 – 3	98	40	38 42	für Laufräder für 12 Zoll Räder
3 – 4	104	44	47	12 – 14 Zoll
4 – 5	110	48	52	12 – 16 Zoll
5 – 6	116	51	55	14 – 18 Zoll
6 – 7	122	55	59	16 – 20 Zoll
7 – 8	128	59	64	18 – 20 Zoll
8 – 9	134	62	67	18 – 20 Zoll
9 – 10	140	66	72	20 – 24 Zoll
10 – 11	146	69	75	24 Zoll
11 – 12	152	72	78	24 – 26 Zoll
12 – 13	158	75	81	24 – 26 Zoll
13 – 14	164	77	83	26 Zoll
14 +	170	80	86	26 Zoll

Quelle: kinderfahrradladen.de

Die rechtliche Seite

- Die Ausstattung auch der Kinderfahrräder muss den Vorschriften entsprechen.
- Auch Kinder dürfen mit ihrem verkehrstauglichen Fahrrad nicht auf Gehwegen fahren. Dreiräder, Kinderroller, Laufräder gelten dagegen als „Kinderspielzeug". Eltern müssen darauf achten, dass ihre Sprösslinge beim Spielen keine Fußgänger gefährden.
- Der Kindersitz muss mit dem Fahrradrahmen fest verbunden sein und ist hinter dem Sattel anzubringen. Die Beförderung von mehr als einem Kind ist unzulässig.
- Radanhänger müssen mit einer vom Fahrrad unabhängigen Lichtanlage und einer Feststellbremse ausgestattet sein sowie mit einer 1,5 m hohen Stange mit Wimpel. Die mitgeführten Kinder müssen angegurtet sein und einen Helm tragen. Mit Anhängern, die nicht breiter als 80 cm sind oder ausschließlich zur Personenbeförderung dienen, können Radfahranlagen benutzt werden.
- Kinder dürfen bis zum 12. Lebensjahr nicht ohne Begleitung am Straßenverkehr teilnehmen. Ausnahme: Sie dürfen schon ab 10 Jahren im Verkehr fahren, wenn sie die Radfahrprüfung abgelegt und daher einen Radfahrausweis haben. Die Begleitperson muss mindestens 16 Jahre sein. Für unbeaufsichtigt radfahrende Kinder haften bei einem Verkehrsunfall die Eltern.

VGF/Shutterstock.com

Billige Fahrräder sind in der Regel leicht daran zu erkennen, dass sie schwer sind. Denn billige Komponenten bringen Gewicht auf die Waage. Büßen müssen die Kinder. Sie selbst wiegen 15 oder 20 kg – und ihr Gefährt mit 10 kg ist kaum leichter. Eine kleine Treppe kann da schnell zu einem kaum überwindbaren Hindernis werden. Bessere Räder zeichnen sich schon dadurch aus, dass sie nur halb so viel wiegen. Wer bei den Ausgaben sparen möchte und doch ein besseres Rad wünscht, sollte sich auf dem Gebrauchtmarkt umsehen. Lieber gebraucht und gut als neu und schlecht.

Wenn Sie den Lenker eines Kinderrads einschlagen, werden Sie eine konstruktive Eigenheit erkennen, die das kleine Fahrrad von seinem großen Pendant unterscheidet: Der Lenker reicht bis oder fast bis zum Sattel. Das liegt daran, dass Kinder andere Körperproportionen haben als Erwachsene. Ihre Beine und Arme

Peter Jahn
Verkehrssicherheitsberater

Gemeinsam unterwegs

„Wenn Eltern und Kind, jeder mit eigenem Fahrrad, zusammen Ausflüge unternehmen, sollten sie das zunächst auf Straßen ohne Autoverkehr machen. In Wien beispielsweise auf der Donauinsel. Der Erwachsene fährt voraus, gibt Strecke und Tempo vor. Wichtig ist, bestimmte Kommandos auszumachen. Denn ‚Stop' kann heißen, sofort abzubremsen oder irgendwann zum Stillstand zu kommen. Hier muss Klarheit herrschen. Wenn das Kind die Führung übernimmt, muss der Erwachsene so im Abstand folgen, dass er ihm jederzeit Anweisungen oder Signale geben kann – die immer, auch bei starkem Lärm zu verstehen sind." (Peter Jahn, Verkehrssicherheitsberater)

sind im Vergleich zum Oberkörper noch relativ kurz. Die Lenkerenden müssen bei Kinderrädern durch Griffe mit großer Prallfläche abgefedert sein, um die Verletzungsgefahr zu minimieren. Helm ist Pflicht für Kinder bis zum 12. Lebensjahr.

Wer das Fahrradfahren einmal gelernt hat, der wird es auch nicht so schnell wieder verlernen. Es wird Teil jener Automatismen, die das Gehirn ohne größere Anstrengung abzurufen vermag. Das Radfahren geht gleichsam in Fleisch und Blut über, so wie etwa auch das Kuppeln und Bremsen beim Autofahren. Fachleute sprechen vom prozeduralen Gedächtnis: Es enthält motorische Fertigkeiten samt dazugehöriger Handlungsmuster, die wir unbewusst abrufen und über die wir bei der Ausführung nicht mehr nachdenken müssen.

Auch Thomas Bernhard verlernte das Radfahren nicht. Ein berühmtes Foto zeigt, wie er, inzwischen gefeierter Autor, in seinem Haus, genauer: im vormaligen Schweinestall des von ihm umgebauten Vierkanthofes in Ohlsdorf, auf dem Rad Runden dreht. Wie weiland auf einem Steyr-Waffenrad.

„Es ist nie zu spät für eine glückliche Kindheit": Radfahrkurs für Erwachsene

Auf dem Übungsplatz dreht Marcela Cerventa Runden auf einem Tretroller. Sie steht mit beiden Beinen auf dem Trittbrett und geht unter dem Fahren in die Hocke. Eine von mehreren Übungen. Bei einer anderen stößt sie sich erst mit dem rechten, dann mit dem linken Fuß am Boden ab. Und wieder bei einer anderen steht sie mit nur einem Bein auf dem Brett, während sie das andere seitlich abspreizt.

Für den Beobachter stellt sich das wie eine übermütige Spielerei dar. Und damit liegt er nicht ganz falsch. „Es ist nie zu spät für eine glückliche Kindheit", diesen Satz von Harry Rowohlt, erzählt Bernhard Dorfmann, habe er neulich zufällig in der Zeitung gelesen. Er eigne sich ganz gut als Motto für seine Radfahrkurse. 2010 gründete Dorfmann in Wien die „City Cycling School". In Einzel- oder Gruppenunterricht zeigt der gebürtige Südtiroler all jenen, die in ihrer Kindheit dazu die Gelegenheit verpasst haben, wie das geht, das Radfahren. Bei ihm dürfen, ja sollen Erwachsene wieder Kind sein. Cerventa wuchs in Rumänien auf, in einem Dorf. Ihr Vater, erzählt sie, starb früh. Für die Anschaffung eines Fahrrads fehlte das Geld. So verpasste Cerventa die entscheidende Phase, in der Radfahren üblicherweise mit spielerischer Leichtigkeit gelernt wird. Nun will sie das nachholen. Denn den Weg von ihrer Wohnung in Wien nach Klosterneuburg, zu ihrem Wochenendhaus, den möchte sie gerne mit dem Rad zurückzulegen. Die vielen Radler auf der Donauinsel haben es ihr angetan.

Andere hegen den Wunsch, mit ihren Enkeln am Wochenende Radfahrausflüge zu machen. Er habe schon Kursteilnehmer über 70 gehabt, sagt Dorfmann. Einmal auch eine Balletttänzerin der Wiener Staatsoper. Ihr, aus besserem Haus, blieb der frühe Kontakt mit dem Fahrrad versagt, weil ihre Eltern in ihm ein unschickliches Gefährt für ihre Tochter sahen.

Es gibt Länder, der Iran beispielsweise, die Frauen Radfahren in der Öffentlichkeit kategorisch verbieten. Da schwingt die (religiöse) Angst mit, das Jungfernhäutchen könnte Schaden nehmen. Im Westen wollen diese Frauen nun nachholen, was ihnen in ihrem Heimatland verwehrt wurde.

Kräftig Schwung nehmen und den Lenker immer gerade halten! Sagt Dorfmann zu Cerventa. Sie kommt nicht weit, nur ein paar Meter, dann springt sie ab, weil sie umzufallen droht. So, merkt sie, geht es nicht. Und genau das ist der Sinn der Übung, denn sie soll, erklärt Dorfmann, zwei Dinge zeigen. Erstens, dass es immer das Gefährt ist, das anzeigt, was zu tun ist – und nicht umgekehrt. Der Fahrer hat zu reagieren, nicht zu agieren. Und zweitens, dass Fahren mit einem einspurigen Fahrzeug ein dauerndes Ausbalancieren und damit ein ständiges Korrekturlenken erfordert. „In Wien sagt man dazu geigeln. Du musst beim Fahrradfahren immer geigeln."

Erwachsene lernen anders als Kinder. Das zeigt sich deutlich beim Zweitsprachenerwerb. Kinder lernen über Nachahmung, sie greifen auf, was und wie ihre Umgebung spricht, und leiten davon die grammatikalischen Regeln ab. Erwachsene neigen hingegen dazu, erst nach den Regeln zu fragen, bevor sie daran gehen, einen Satz in der fremden Sprache zu bilden.

Ähnlich beim Radfahren. Erwachsene wünschen Erklärungen und Anleitungen. Doch genau diesen Weg möchte Dorfmann nicht gehen. Er hält keine Vorträge, er verliert nicht groß Worte, sondern lässt – im Gegenteil – einfach tun. Über Erfahrung lernen. Genau wie Kinder.

Der Einzelunterricht umfasst fünf Termine zu je zwei Stunden. Für Cerventa ist dies der zweite Tag. Inzwischen ist eine Stunde vergangen. Der Tretroller wird zur Seite gelegt, nun kommt das Fahrrad dran. Ein Klapprad mit kleinen Reifen und tiefem Durchstieg.

Erste Übung: Das Rad schieben. Für einen Anfänger gar nicht so einfach. Dauernd stößt Cerventa mit ihren Beinen an die Pedale. Dorfmann zeigt, wie das zu verhindern ist: „Segelschiff machen". Das Rad beim Schieben immer leicht schräg halten. So kommen Beine und Pedale nicht in Kontakt.

Dorfmann kam zum Studium nach Wien, Jus und Volkswirtschaft. Nebenher jobbte er als Fahrradkurier. Irgendwann wurde dieser Job zur Hauptsache. Ist man jeden Tag mit dem Rad in der Stadt unterwegs, im Sommer wie im Winter, so lernt man mit der Zeit alle Tricks und Gefahren, die der Straßenverkehr zu bieten hat. Warum dieses Wissen nicht weitergeben? Jünger werde ich nicht, sagte sich Dorfmann, und er beschloss, sich als Radfahrlehrer ein zweites berufliches Standbein aufzubauen.

Es ist nicht allein die Erfahrung, die jahrelange Praxis, aus der Dorfmann schöpft. Er ging selbst noch einmal in die Schule, in die Radfahrschule, und zwar zu Christian Burmeister in Hamburg. Burmeister, ein Sportwissenschaftler, ist so etwas wie ein alter Hase in der Branche. Seit einem Vierteljahrhundert beschäftigt er sich in Theorie und Praxis mit den ersten Gehversuchen auf dem Rad. Daraus sein eigenes Lehrkonzept abgeleitet, mit dem (geschützten) Namen „Moveo ergo sum" – ich bewege mich, also bin ich.

Dieses Konzept erinnert sehr an Montessori und Walddorfpädagogik, es legt Wert auf Spaß und spielerischen Zugang und darauf, dem Schüler möglichst viel Freiraum zu lassen. Ein Ansatz, der Dorfmann nicht nur sympathisch ist, sondern mit dem er auch beste Erfahrungen macht.

Eine neue Übung für seine Schülerin: einen Fuß auf die Pedale setzen, mit dem anderen sich abstoßen. Viele Übungen ähneln denen, die zuvor auf dem Tretroller gemacht wurden. Manche Schüler, sagt Dorfmann, machten innerhalb kurzer Zeit große Fortschritte, andere bräuchten längere Zeit. Nicht er, sondern sie seien es, die das Tempo vorgäben.

Cerventa ist Ende 30. Schon öfters habe sie versucht, sich selbst das Fahrradfahren beizubringen. Doch vergebens, wie auch die Bemühungen ihres Mannes nicht fruchteten, im Gegenteil, die hätten fast zu einem veritablen Ehekrach geführt. Sagt sie und lacht.

Weder Helm noch Knieschützer trägt Cerventa. Warum nicht? Die würden, erklärt Dorfmann, den unmittelbaren Kontakt mit dem Fahrrad und das Gefühl für die einzelnen Bewegungsabläufe nur behindern.

Die Fahrschülerin steht mit einem Fuß am Fahrrad, taucht an, rollert, setzt den zweiten Fuß auf die Pedale, setzt sich auf den Sattel und pedaliert, pedaliert, pedaliert. Erst nur ein paar Meter. Dann, bei den folgenden Versuchen, immer weiter. Plötzlich ist der Moment da, den sie Jahre, ja Jahrzehnte herbeigesehnt hat. Sie steigt ab und springt vor Freude in die Luft. Sie kann es! Sie kann Rad fahren. Wie Geburtstag und Weihnachten zusammen, so ein Glück ist das für sie.

Der zweite Tag des Radfahrkurses, und schon der große Erfolg! Drei weitere Termine werden folgen, in denen die Schülerin die Feinheiten des Radfahrens lernen wird. Punktgenau abbremsen. Kleine und große Kreise fahren. Eine Hand vom Lenker nehmen. Die Geschwindigkeit variieren. Anfahren und anhalten.

Radfahrschulen im Web

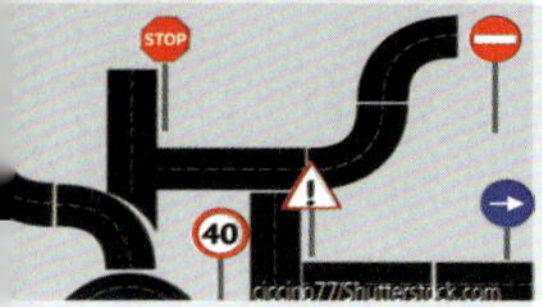

- Radfahrschule „Schulterblick“: www.schulterblick.at
- „FahrSicherRad“, Programm der Radlobby IG Fahrrad: www.fahrsicherrad.at
- AUVA Rad-Workshops: www.radworkshop.info

Die Erfolgsquote in seinen Kursen liege bei etwa 95 Prozent, sagt Dorfmann. Scheitern würden nur jene Teilnehmer, die durch körperliche Gebrechen eingeschränkt seien, die beispielsweise ihr Knie nicht abwinkeln könnten.

Vielleicht ist die größte Hürde ohnehin, sich für den Radfahrkurs anzumelden, denn das heißt ja, eine Schwäche, ein Defizit einzugestehen. Und sich nicht nur anzumelden, sondern auch tatsächlich zu kommen. Wer diese Hürde schafft, wer die Stärke hat, zu seiner Schwäche zu stehen, der packt auch den Rest, das Radfahren (Info: www.citycyclingschool.at).

Knautschzone für den Radfahrer: Der Fahrradhelm

Für den Fahrradhelm gilt dasselbe wie für das Fahrrad: er muss passen, darf nicht zu groß und nicht zu klein sein. Für Eltern heißt das: Das jüngere Kind kann nicht einfach den Helm des größeren Kindes mit benutzen. Eigentlich logisch, eine kleine Person passt ja auch nicht auf ein 28-Zoll-Herrenrad.

Der harte Helm schützt das weiche Hirn, allerdings nur dann, wenn er den Kopf ordentlich umschließt. Aus diesem Grund wird er in verschiedenen Größen angeboten. Die Feineinstellung erfolgt über das Kopfband. Für das innenliegende Verstellsystem gilt: fest anziehen, aber nicht zu fest. Der schalenartige Schutz soll gut sitzen, darf nicht verrutschen, aber auch nicht drücken. Ein in den Nacken verschobener Helm mag cool aussehen, gerade in den Augen von Kindern, doch er verfehlt seine eigentliche Bestimmung.

Zum Kopfband kommt der Kinnriemen: ein weiteres System, das dem passgenauen Sitz dient. Hier gilt dasselbe wie für das Kopfband: Mit Maß und Ziel anpassen.

Der Verschluss am Kinn ist für Kinder oft ein Problem. Bis die Enden endlich zusammengeführt sind, besteht höchste Gefahr, die Haut am Hals einzuzwicken, immer wieder ein Ärgernis, insbesondere, wenn es schnell gehen soll. Ein Hersteller hat ein Magnetverschluss-System auf den Markt gebracht, das sich einfacher bedienen lässt.

Der Fahrradhelm ist in der Regel aus Kunststoff, aus leichtem Hartschaum, neuere Entwicklungen setzen auf recyclebare Naturmaterialien. Meist finden sich Aussparungen in der harten Schale – Lüftungsschlitze, dazu bestimmt, einen Hitzestau unter dem Helm zu vermeiden. Der Fahrer soll stets kühlen Kopf bewahren. Helme speziell für Rennradfahrer haben fast mehr Schlitze als Schale – damit sie dennoch ihre Schutzfunktion erfüllen, sind sie zusätzlich mit Verstrebungen bestückt. Und für Mountainbikefahrer gibt es Helme mit Blendschutz. Für jede Klientel also die passende Lösung.

Ein Fahrradhelm wiegt nicht die Welt, somit nicht schwer auf dem Kopf – und dennoch bestehen teilweise Unterschiede bis zu 250 Gramm, wie unsere Tests ergeben haben. Unterschiede, die für empfindlichere Gemüter vulgo Häupter entscheidend sein können. Fahrradhelme werden in allen Farben und Variationen angeboten, darunter auch solchen, die ihren wahren Charakter zu verbergen trachten: Sie kommen ganz wie Schirmmützen daher, im Look der 1920er Jahre. Andere Helme haben hinten ein Rücklicht integriert. Und wieder andere setzen auf Komfort: zum Helm die passende Wollmütze.

Ein Fahrradhelm stellt so etwas wie die Knautschzone für den Fahrradfahrer dar: Der Hartschaum (oder die Wabenkonstruktion bei einem aus natürlichen Materialien hergestelltem Produkt) fängt die Energiespitzen bei einem Aufprall ab. Bei einem Unfall kann dieser Schutz den Unterschied zwischen einem ordentlichen Schreck und einem Schädel-Hirn-Trauma ausmachen. So jedenfalls die Ansicht eines großen Teils der Experten.

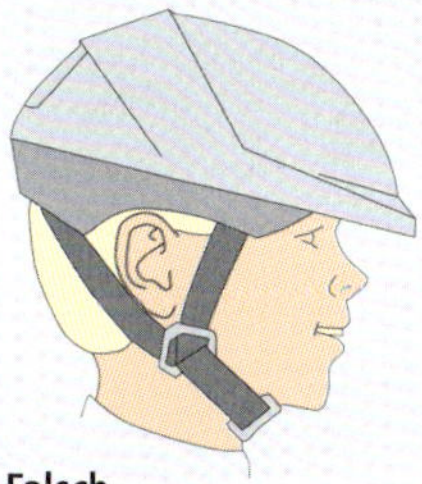

Falsch

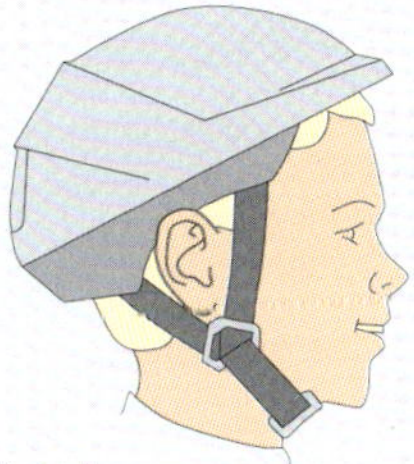

Falsch

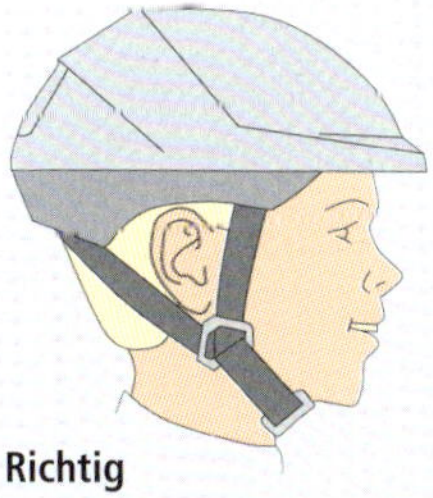

Richtig

Gefahr der Stilentgleisung

nomaurd/Shutterstock.com

„Fahrradfahren ist etwas für Romantiker, für Menschen mit Leidenschaft und einem kaum zu bändigenden Freiheitsdrang, für echte Männer und leidenschaftliche Frauen. Dazu passt ein Fahrradhelm so gut wie eine wasserabweisende Regenhose zu einem Cowboy, der sich mit seiner Kuhherde durchs Gewitter drängt. Es ist mir durchaus etwas unangenehm, das zugegeben zu müssen, aber es ist die Wahrheit. Nach Abwägung aller Fürs und Widers bevorzugt es mein Frontalhirn noch immer, das Risiko einer schweren Kopfverletzung einzugehen, als sich der Gefahr einer schweren Stilentgleisung auszusetzen. Ich kann einfach nicht Radfahren, wenn ich dabei aussehe wie ein rollender Mistkäfer." (Schächtele 2012)

Andere Experten, organisiert etwa in der Bicycle Helmet Research Foundation, bezweifeln genau dies. Auf ihrer Website cyclehelmets.org erklären sie, warum die Kopfbedeckung weniger schütze, als viele glauben. Ihrer Ansicht nach ist nicht einmal bewiesen, dass das Tragen eines Fahrradhelms Leben rettet. Studien dazu lieferten widersprüchliche Ergebnisse und hätten zudem methodische Schwächen, etwa viel zu geringe Fallzahlen.

Es scheint nun einmal zum Wesen der Medizin zu gehören, dass es unter den Professoren zu einer Ansicht auch immer die genau gegenteilige gibt. Wer hier nun Recht hat, das können und wollen wir nicht entscheiden. Wie auch? Wir können ja nicht mal mit, mal ohne Helm, den Kopf voran, gegen eine Mauer rennen und dann das Ergebnis vergleichen...

Fällt der Fahrradhelm einmal herunter, so ist das in der Regel nicht weiter schlimm. Das muss er aushalten, alle Fahrradhelme unterliegen der Sicherheitsnorm EN 1087. Doch nach einem stärkeren Aufprall, etwa einem Unfall, sollte er getauscht werden, selbst dann, wenn äußerlich kein Schaden zu erkennen ist. Schon kleinste Risse in der Materialstruktur, für das menschliche Auge nicht erkennbar, können dafür verantwortlich sein, dass der Helm seine Schutzfunktion verliert. Auch UV-Licht und Hitze setzen dem Kunststoff zu. Daher ihn an geschütztem Raum aufbewahren. Und sich auch beizeiten von einem in die Jahre gekommenen Modell wieder trennen.

Aufblasbarer Helm

Sie suchen einen Schutz für Ihren Kopf, wollen aber nicht mit verwuschelter Frisur ins Büro kommen? Ein Fahrradhelm ist also nicht ganz Ihre Sache, eine Art Airbag könnte es aber vielleicht sein, eine Art Schlauch mit viel Elektronik drin, den Sie wie einen Schal um den Hals tragen. Im Ernstfall bläst sich das schicke Ding zu einem Luftsack auf und sieht dann wie eine Trockenhaube auf dem Kopf aus. Es heißt „Hövding" und wurde in Schweden entwickelt. Sieht nicht wie ein Helm aus, schützt aber wie ein Helm, zum stolzen Preis von etwa 400 Euro.

Der Fahrradhelm hat nicht nur Befürworter und Skeptiker, sondern auch Gegner, und zwar, was manche überraschen mag, gerade in der Fahrradcommunity. Die Gegner machen sich weniger Sorgen um die unter den Helm gezwängte Frisur, sie führen vielmehr eine Art politisches Argument ins Feld: Ein Helm auf dem Kopf suggeriere, dass Radfahren gefährlich sei. Just das stimme aber nicht und sei das falsche Signal. Fahrradfahren sei in erster Linie eine vergnügliche Sache, keine riskante. Also passe dazu auch mehr der Sonnenhut als der Helm.

Trägt der Fahrradhelm gar zu weniger Sicherheit im Straßenverkehr bei? Dafür spricht eine Studie, die Ian Walker von der Universität im englischen Bath durchgeführt hat. Der Verkehrspsychologe radelte mal mit, mal ohne Helm durch seine Heimatstadt und maß dabei mit einem Ultraschall-Messgerät die Distanz zu den überholenden Autos. Ergebnis: Die Autofahrer hielten durchschnittlich acht Zentimeter weniger Abstand, wenn Walker, Versuchsleiter und Versuchsperson in einem, einen Helm aufhatte – Zentimeter, die im Extremfall über Leben und Tod entscheiden können. Den größten Abstand hielten die Autos allerdings, wenn er sich mit Perücke als Frau ausgab. Und noch größer wäre der Abstand gewiss gewesen, wenn er zusätzlich ein Kind hinten drauf mitgeführt hätte – doch ethische Einwände hätten dieses Versuchsdesign gewiss nicht zugelassen.

Australien führte Helmpflicht für Radfahrer ein – danach ging die Zahl der Radfahrer im Land rapid zurück. Bei uns besteht Helmpflicht nur für Kinder bis zum 12. Lebensjahr. Danach steht ihnen frei, wie sie sich entscheiden – welches Risiko sie wie gewichten.

NUTCASE

Der Verkehrsteilnehmer

„Ich kümmerte mich um mein Rad wie ein anderer sich um seinen Rolls-Royce."

Henry Miller (1891 – 1980), amerikanischer Schriftsteller, in seiner Erzählung „Mein bester Freund"

Der Autofahrer – „eine spezielle Spezies"

Besuch bei Prof. Dr. Hermann Knoflacher im Institut für Verkehrsplanung und Verkehrstechnik der Technischen Universität Wien

Wer sein Fahrrad liebt, der lässt es nicht draußen stehen, sondern nimmt es mit hinauf, ins Büro. Bei Prof. Dr. Hermann Knoflacher kommt ein weiterer Grund hinzu, ein ganz pragmatischer. Schon drei Fahrräder sind ihm aus dem Hof der Technischen Universität Wien gestohlen worden, obwohl jeweils angekettet. „Beim ersten Mal dachte ich noch: Nicht so schlimm, so erhöht sich wenigstens die Fahrraddichte in Wien. Inzwischen ist die aber schon erfreulich hoch, und so zählt dieses Argument nicht mehr", sagt der Verkehrsplaner und lacht.

Es ist nicht etwa ein edles und teures Carbon-Rad, das Knoflacher besitzt. Sondern ein altes Steyr-Waffenrad, mit ordinärer Drei-Gang-Schaltung, die früher einmal Standard war und inzwischen Technik von gestern ist. Mit so einem Rad ist man nicht schnell unterwegs, dafür bequem. Der Fahrer braucht keinen Buckel zu machen, er sitzt aufrecht und gleitet erhobenen Hauptes dahin. Eine Fortbewegungsart, die der emeritierte Professor des Instituts für Verkehrsplanung und Verkehrstechnik der Technischen Universität Wien liebt und seit gut einem halben Jahrhundert praktiziert.

Knoflacher, 1940 in Villach geboren, besitzt ein Damenmodell des Steyr-Waffenrads, ohne Oberrohr. Möglicherweise sein großes Glück, wie er erzählt. Neulich sei er von einem Autofahrer angefahren worden und dabei unter das Auto gekommen. Dabei hätte ein Oberrohr leicht sein Bein abquetschen können. Doch zum Glück kam Knoflacher noch einmal mit dem Schrecken davon. Ohne größere Verletzungen erlitten zu haben, rappelte er sich am Unfallort wieder hoch, der unbeugsame Verkehrsexperte. Ein Bild von geradezu symbolischer Bedeutung.

Wie oft wurde er doch verhöhnt und verspottet, wie oft versuchte man ihn mundtot zu machen! Und doch ließ sich Knoflacher nie beirren. Oft stand er mit seinen Ansichten alleine da, gerade in den Sechziger-

Gefängnisse de jure und de facto

„In Gefängnissen ist die Mobilität eingeschränkt, de jure für nachgewiesene Straftaten, ebenso wie die Einweisung in ‚geschlossene Anstalten' für gefährliche und gefährdete Personen. Dass der Großteil der Bevölkerung, seit es Autos gibt, de facto unter gefängnisähnlichen Bedingungen aufwächst oder lebt, ohne schuldig oder gefährlich zu sein, ist aber kaum bewusst. Fährt man durch die Stadt, so passiert man unsichtbare Gefängnismauern, hinter denen sich die Fußgänger auf Gehsteigen zu bewegen haben. Ausgang bekommen sie nur an besonders dafür markierten Stellen, häufig noch durch Signallichter zeitlich dosiert. Ausbrüche können leicht tödlich enden, besonders für Kinder. Kinder sind ja wegen ihrer Unberechenbarkeit allgemeingefährlich, weshalb man sie in den Wohnungen und beim Spielen in Gitterkäfigen halten muss. Damit die Autofahrer ungehindert herumtoben können." (Knoflacher 2013)

Risto Viita, Atti Tibor/Shutterstock.com

und Siebzigerjahren. Die Verkehrsplanung kannte damals im Grunde nur einen Verkehrsteilnehmer: den Autofahrer. Seinen Bedürfnissen wurde die Gestaltung von Städten und Gemeinden unterworfen; demzufolge bedeutete Verkehrsplanung damals nichts anderes als den Bau breiter Durchfahrtsstraßen und die Schaffung von Parkraum.

Das Ziel lautete ungestörter Verkehrsfluss, wobei unter Verkehrsfluss allein das ungehinderte Vorwärtskommen des Autofahrers verstanden wurde. Der Fußgeher galt, um mit den Worten des Kabarettisten Karl Farkas zu sprechen, als ein „bewegliches seitliches Hindernis". Knoflacher mahnte damals, auf den Fußgänger und den Radfahrer in den Planungen nicht zu vergessen. Eine einsame Stimme. Auf nicht wenige wirkte der Herr Professor wie ein Ewiggestriger oder Ultrakonservativer.

In der Tat trat Knoflacher als Bewahrer auf, als Bewahrer nicht zuletzt der Wiener Tramway. Als einer von mehreren Experten, die mit der Verkehrsplanung in Wien beauftragt waren, konnte er erreichen, dass die Straßenbahn in Wien nicht so wie in anderen Städten (1952 in London, 1967 in Berlin) einfach eingestellt wurde. Damals war das ein harter Kampf, stand die Straßenbahn doch dem Auto buchstäblich im Weg, heute wird Wien um sein intaktes Straßenbahnsystem gerade im Ausland beneidet.

Knoflacher – der Kämpfer. Dabei strahlt sein verschmitztes Gesicht so gar nichts Kämpferisches aus. In unserem Gespräch lacht er viel und oft. Es ist auch das Lachen eines Menschen, den kaum noch etwas überraschen kann. Dafür hat er schon zu viele Erfahrungen auch und gerade der skurrilen und wundersamen Art gemacht.

Knoflacher erzählt, wie er in den 1970er Jahren im Wiener Rathaus vorstellig wurde, um für ein Radwegnetz in der Stadt zu werben. „Der zuständige Stadtrat sagte mir: ‚Was wollen`s, Herr Kollege? Ich bin im Krieg von Wien nach Prag mit dem Fahrrad gefahren. Das reicht mir.' Damit war die Sache erledigt."

Auf mehr Verständnis traf der Verkehrsplaner beim ARBÖ, einer Organisation, die die meisten heute nur noch als Autofahrerclub kennen. Dabei wurde der ARBÖ, wie der Name schon sagt, einst als Radfahrerbund gegründet. Vom damaligen ARBÖ-Vizepräsidenten Hans Holbl erhielt Knoflacher ideelle und materielle Unterstützung, um einen Radwegeplan für Wien auszuarbeiten.

Für ihn und seine Mitarbeiter hieß das, über Wochen und Monate auf dem Fahrrad kreuz und quer durch Wien zu fahren, hunderte Kilometer kamen dabei zusammen. „Radwege kann man nicht vom Schreibtisch aus planen, man muss die Strecken selbst abfahren", sagt Knoflacher. So leistete er vor mehr als 30 Jahren im wahrsten Sinne wegweisende Pionierarbeit. Er legte den Grundstein für ein Radwegenetz in Wien, das inzwischen immerhin etwa 1.200 km umfasst.

Am Anfang lautete die Losung: einen Schutzraum für den Radfahrer schaffen. Das war zu einer Zeit, als noch kaum Radler in Wien unterwegs waren. Inzwischen ist deren Zahl stark gestiegen, und immer öfter kommen sich Radfahrer und Fußgänger buchstäblich in die Quere, auf dem Ringradweg ist das Tag für Tag zu beobachten. Nun sei es an der Zeit, meint Knoflacher, Radwege auf die Straße zu verlagern, hier einen geschützten Bereich zu schaffen – nicht zuletzt aus Rücksicht gegenüber dem schwächsten Verkehrsteilnehmer, dem Fußgänger.

In Kopenhagen macht jeder dritte Einwohner seine Wege mit dem Fahrrad. Der Herzchirurg genauso wie die Verkäuferin. Selbst konservative Politiker scheuen sich nicht, sich auf Wahlplakaten mit dem Rad abbilden zu lassen. Wieso ist Wien nicht Kopenhagen? Wieso hinkt Wien in puncto Radlerdichte hinterher?

„Es kommen mehrere Gründe zusammen. Erstens ist Kopenhagen weitgehend ein flaches Gebiet. Zweitens hat die Stadt ein sehr gut ausgebautes Radwegenetz. Und drittens sind in Dänemark Autos teuer, so teuer wie nirgends sonst in Europa, das ist politisch beabsichtigt", sagt Knoflacher.

Die Österreicher radeln jährlich 2,2 Millionen km, das ist doppelt so viel wie noch im Jahr 2000. Innsbruck und Bregenz bieten sich jedes Jahr einen Kampf um den Titel „Fahrradhauptstadt". Aber auch in Graz, Salzburg und Lustenau ist die Radfahrerdichte traditionell hoch, alles Gegenden, die flach sind. Der heimische Radfahrer fürchtet vor allem Steigungen und schlechtes Wetter.

Auch in China scheint nicht jeden Tag die Sonne. Dort hält Regen allerdings die Leute nicht davon ab, das Rad zu benutzen. Zum Schutz ziehen sie sich eine Pellerina über. Knoflacher hat mit eigenen Augen gesehen, wie hunderte, ja tausende Radler in verschiedenfarbigen Pellerinas die breiten Straßen von Peking in Besitz nehmen. Ein Bild farbenfroher Lebendigkeit, das allerdings nun immer seltener wird. In dem Land mit den weltweit meisten Radfahrern kommt mit wachsendem Wohlstand auch immer mehr das Auto auf – und das sorgt für Stillstand, für verstopfte Straßen und kilometerlange Staus. China ist im Moment dabei, sich genau in die gleiche Sackgasse zu begeben, in der die westliche Welt schon seit längerem steckt.

Seit 1999 besitzt Knoflacher kein eigenes Auto mehr. Ja, seine Frau habe noch eines, mit Anhängerkupplung, und das benutze er hin und wieder, vor allem wenn Holz oder Mist im Anhänger transportiert werden müsse. Andere fahren um die Ecke, um eine Milchpackung zu kaufen. Der ganz normale Irrsinn: Tonnen werden in Bewegung gesetzt, um sich fünf oder zehn Minuten Fußweg zu ersparen. Die meisten mit dem Auto zurückgelegten Strecken sind kürzer als 3 km.

In seinem Buch „Virus Auto" führt Knoflacher aus, wie eine zunächst wunderbare Erfindung – die Vervielfältigung der menschlichen Geschwindigkeit mithilfe fremder Energie – eine Art evolutionären Schub ausgelöst hat. Das Auto vergifte nicht nur die Luft und verletze und töte Menschen – mehr noch, es mache aus dem Menschen einen charakterlich anderen Menschen. Einen rücksichtslosen in erster Linie. Wer vom Virus Auto befallen sei, verhalte sich kaum mehr wie ein soziales Wesen: „Es wird überholt, wo es riskant ist, aufgefahren, so nah es geht, mit der Lichthupe die Vorausfahrenden zur Seite gescheucht – all das, was

Christian Mueller/Shutterstock.com

beim Menschen, machte er Vergleichbares im sozialen Leben, zum Ausschluss aus der Gemeinschaft führte." Der Autofahrer – eine spezielle Spezies, mit eigenem Wertesystem und eigenem Raumanspruch.

Deutliche Worte des Herrn Professors. Wer des Menschen – auch des Österreichers – liebstes Spielzeug, das Auto, madig macht, macht sich nicht nur Freunde. Ja, er hat Gegner, sogar sehr erbitterte Gegner, und sie finden sich vor allem unter jenen Zeitgenossen, für die es nichts Schlimmeres gibt, als den Parkplatz vor der Haustür zu verlieren.

Aus Verbündeten sind Konkurrenten geworden: Autofahrer versus Radfahrer

Kaum zu glauben, doch einst waren sie Brüder im Geiste. Seite an Seite kämpften Rad- und Autofahrer an der Wende zum 20. Jahrhundert für ihre gemeinsamen Anliegen, insbesondere für den Ausbau der Straße. Sie hatten den gleichen Gegner: die Fuhrleute. Die Fuhrleute mit ihren Kutschen standen in ihren Augen für Langsamkeit und Rückschritt, somit ihnen im Weg – beziehungsweise ihren Gefährten, die Tempo und Fortschritt verhießen.

Erst kam das Fahrrad auf, später das Kraftfahrzeug, beide sind Kinder des 19. Jahrhunderts. Das Fahrrad vervierfacht die Geschwindigkeit des Fußgängers, und das Auto potenziert sie um ein Vielfaches, bei gleichzeitig geringerem Krafteinsatz. Während der Radfahrer in die Pedale tritt, braucht der Autofahrer nur sanft aufs Gaspedal zu drücken. In Bewegung sein, ohne sich zu bewegen – das Automobil versprach gleichsam das Paradies auf Erden. An der Wende vom 19. zum 20. Jahrhundert tummelten sich sowohl im Fahrrad- wie auch im Automobilbau findige Tüftler. Als sich das Auto als Speerspitze des technischen Fortschritts zu etablieren begann, wechselten viele Fahrradbauer ins Kraftfahrzeuglager, beispielsweise Adam Opel.

Nichtsdestotrotz wiesen beide Fahrzeuge stetig steigende Produktionszahlen auf, da sie sich nicht unmittelbar konkurrierten. Bis dann, ab Mitte des vorigen Jahrhunderts, das Automobil das Fahrrad sukzessive an den Rand zu drängen begann – sowohl im wörtlichen wie auch im übertragenen Sinn. In dem Maße, wie das Auto zum Statussymbol der breiten Masse aufstieg, degradierte das Fahrrad zum Fahrzeug der kleinen Leute. Wer in den 1960er und 1970er Jahren mit dem Fahrrad zur Arbeit fuhr, war gebrandmarkt, als bemitleidenswerter Zeitgenosse, der sich ein Auto nicht leisten konnte. Radfahren stand für die Tristesse eines autolosen Zustands.

Und heute? Heute scheint das Pendel in die andere Richtung auszuschlagen. Strampelnd unterwegs zu sein, indiziert Unabhängigkeit, Umweltbewusstsein und körperliche wie auch geistige Beweglichkeit. Das Wort „Bikeability", in den USA aktuell groß in Mode, reflektiert diese Konnotation mittelbar: Die Orte streben große Fahrradfreundlichkeit an, denn so glauben sie kreative Geister anlocken zu können.

Sonderbare Welt

Wir empfinden diese Welt nur deshalb nicht als höchst sonderbar, weil wir gewohnheitsmäßig in ihr leben. So haben wir uns auch damit arrangiert, dass Millionen jeweils viele hundert Kilogramm schwere Blechhaufen die Straßen bevölkern, deren Fortbewegungsprinzip bislang noch darauf beruht, die in fossilen Stoffen gespeicherte Energie von Jahrmillionen via Verbrennung sekundenschnell in partiell giftige Gase zu verwandeln, welche dann vornehmlich von Fußgängern und Radfahrern inhaliert werden. Aber das ist nicht das Schlimmste, weit übler sind die daraus folgenden Verschandlungseffekte in Kulturlandschaft und Flur. So schreiten die urbanen Flaneure ungerührt Seit an Seit mit einem stinkenden, lärmenden Benzinlindwurm, und nur wenige träumen von einem verkehrsplanerischen Siegfried. Dasselbe auf dem Lande, wie schön könnte es dort sein, besonders als Fahrradfahrer, wenn nicht –
Einmal wird dieses verdammte Erdöl alle sein. Dann stinken sie wenigstens nicht mehr. (Klonovsky 2012)

ssuaphotos/Shutterstock.com

Fahrräder von Autobauern

Porsche Design Group

Auch das gibt es: Räder, die ein Mercedes- oder Maserati-Namenszug ziert. Kein Witz, diese Zweiräder werden in der Tat von Autoherstellern, vorzugsweise recht noblen, produziert. Allerdings nicht für die breite Masse. Sondern eher in kleiner Stückzahl – in erster Linie als hochwertige Merchandiseprodukte und Lifestyleartikel. Die Exklusivität ist durchaus erwünscht. Stammkunden sollen in die Lage versetzt werden, auch bei der Radtour am Wochenende Mercedes oder Maserati zu fahren.

Das Zeitgeistmagazin „Cicero" hat 2013 in seiner Juli-Titelgeschichte das Fahrrad gar zum neuen Statussymbol erkoren. Auf der anderen Seite geißelt der deutsche Soziologe Klaus Gietinger in seinem Buch „Totalschaden" das Auto als „größte Massenvernichtungswaffe aller Zeiten." Seit Beginn der Motorisierung seien ihm weltweit immerhin 42 Millionen Menschen zum Opfer gefallen. Das österreichische Nachrichtenmagazin „profil" spricht in einer Titelgeschichte vom „Wahnsinn Auto" (12.5.2012). Und der Redakteur der Wiener Zeitung, Matthias C. Bernold, schreibt: „Tatsächlich hat es etwas Paradoxes, dass wir in der zivilisierten Welt zwar selbstverständlich Gesundheits- und Zukunftsvorsorge betreiben, auf unsere Ernährung und körperliche Ertüchtigung achten, während wir es offenbar akzeptieren, dass uns vor der Haustüre der Tod in einem Moment der Unachtsamkeit jederzeit ereilen kann, weil andere Menschen – geschützt in Blechkisten – die Straße hinauf und hinunter rasen." (Wiener Journal 13.4.2012)

Symbol der Freiheit

„In den 1970ern, 80ern und auch noch Mitte der 90er-Jahre war das Symbol für die Freiheit das Auto. In der Stadt ist das nicht mehr so. Zu viele Pkw machen den Stau. Im Wesentlichen verkörpert jetzt das Radfahren Freiheit und Individualität." (Martin Blum, Wiens Radverkehrsbeauftragter, Interview FALTER 24/2013)

Der Radfahrer hat viel an Prestige dazugewonnen. Während sich der Autofahrer zunehmend in die Defensive gedrängt fühlt. Aus den Brüdern im Geiste, die sie einmal waren, sind inzwischen Konkurrenten geworden, die sich den gemeinsamen Verkehrsraum streitig machen.

Statt friedlicher Koexistenz der Kampf ums Terrain. Man blicke nur einmal in einschlägige Internetforen. Da geben Autofahrer anderen Autofahrern den Tipp, mit Hilfe von Nadeln die Beifahrerdüse der Scheibenwaschanlage so einzustellen, dass sie statt der Scheibe die neben dem Auto fahrenden Radfahrer treffen. Ein anderer Tipp bezieht sich auf lästige, weil zum Abbremsen zwingende Radler auf Landstraßen: „Überholen, Vollgas geben und schön einräuchern."

Die andere Seite bleibt nicht untätig. Aufkleber auf die Windschutzscheibe pappen, Spiegel abtreten, den Wagen anspucken oder ein Schlag mit der flachen Hand aufs Fahrzeugdach – das sind die gängigsten Kampfmethoden der Radfahrer, die im Web genannt werden. Radrennfahrer schlagen auch den Wurf mit Energieriegeln oder Trinkflaschen vor, „um drängelnde Autofahrer abzuwehren".

Wenig vermag heute so drastisch die Gesellschaft auseinander zu dividieren wie die Diskussion über Verkehrsraum. Autofahrer schimpfen auf Radfahrer. Radfahrer auf Autofahrer. Die Einführung eines Parkpickerls bewegt die Gemüter mehr als der Bürgerkrieg in Ägypten oder die Wirtschaftskrise.

Es geht dabei um grundsätzliche Fragen: Wie wollen wir unseren Verkehrsraum gestalten? So, dass wir mit dem Auto möglichst schnell von A nach B kommen? Oder so, dass er zum Flanieren einlädt? In welchem Fall ist mehr Lebensqualität gewährleistet?

Wien-Burggasse: Eine Autokolonne staut sich. Es ist Sommer, heiß, schwül. Dem Fahrer eines Sportwagens rinnt der Schweiß herunter. Schon seit einer Stunde steckt er im Stau, hilflos, gefangen. Es geht nichts vorwärts. Da kommt ein Fahrradfahrer daher, schlängelt sich an den Autos vorbei, weicht kurz auf den Gehsteig aus, fährt dort ein Stück weiter, nötigt einen Fußgänger dazu, zur Seite zu springen, kehrt dann auf die Straße zurück und ist schon bald nicht mehr gesehen.

Unser Autofahrer beobachtet das, reißt die Tür auf und ruft dem Radfahrer hinterher: „Stehen bleiben! Das ist verboten! Chaot!" Seine Zornesröte lässt keinen Zweifel daran, dass er den Radfahrer am liebsten

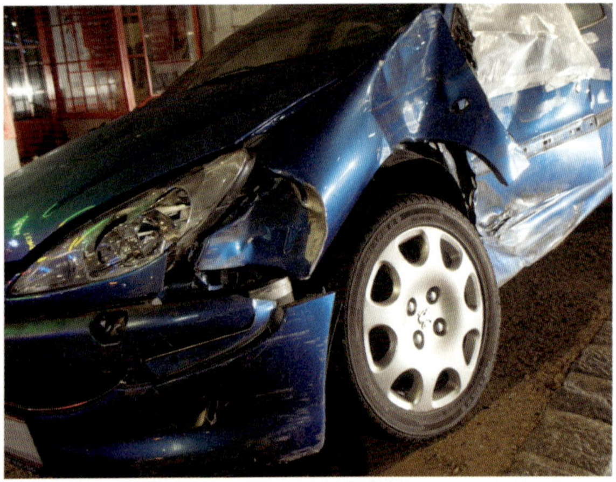

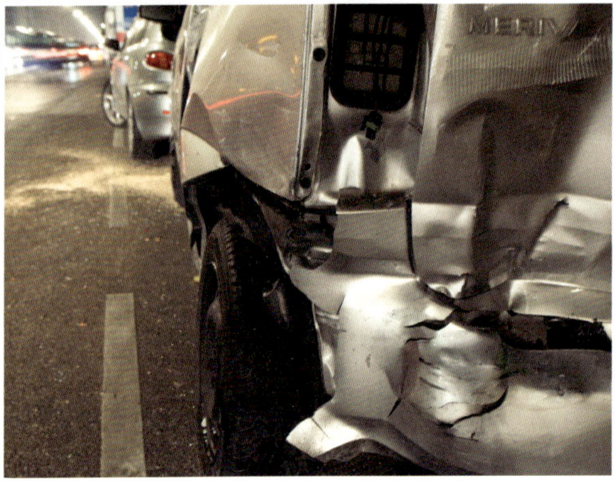

Der Anarchist in uns

Probieren Sie es selber einmal aus. Fahren Sie mit dem Auto nach Hause. Natürlich halten Sie bei jedem Rotlicht, bleiben hübsch auf Ihrer Spur, achten alle Gebote. Und dann machen Sie, weil Feierabend und schönes Wetter ist, noch eine kleine Radlfahrt. Stimmt es nicht, dass Sie schon auf dem Trottoir starten? Gegen die Einbahnstraße fahren? Bei Rotlicht weiterfahren, wenn kein triftiger Grund entgegensteht? Natürlich würden Sie es tun. Es ist der Augenblick, in dem wir Männer das Bein über den Sattel heben, in dem wir alle Gesetze, Verordnungen und Regeln hinter uns lassen. Frauen sind nicht einmal auf diese weit ausholende Beinarbeit angewiesen, um kurzzeitig der Anarchie zu frönen. (Ude 2005)

eigenhändig vom Rad gerissen hätte. Mangels Gelegenheit kommt es zum Glück nicht dazu. Unserem Autofahrer bleibt nichts anderes übrig, als wieder in seinem Auto Platz zu nehmen. Kochend vor Hitze und Wut.

Eine Szene, wie man sie wahrscheinlich jeden Tag in Wiens Straßen erleben kann. Für unseren Autofahrer ist die Sache klar: Hier die Autofahrer, die friedliebenden Verkehrsteilnehmer, die sich an Recht und Ordnung halten. Und dort die Radfahrer, die Gesetzesbrecher, die einfach tun, was sie wollen.

Für unseren Radfahrer stellt sich die gleiche Situation so dar: Wer erlaubt Autofahrern überhaupt, mit ihren Fahrzeugen die Straße zu versperren und dabei obendrein die Luft zu verpesten? Das ist doch schreiendes Unrecht!

Zwei Kontrahenten stehen sich gegenüber, die sich beide im Recht wähnen. Und beide haben ja in der Tat auf ihre Art Recht.

Es stimmt, dass alle Verkehrsteilnehmer, vor allem, wenn sie also solche ernst genommen werden möchten, sich an bestehende Regeln zu halten haben. Es stimmt auf der anderen Seite auch, dass das Auto ein ungeheures zerstörerisches Potenzial hat, für Mensch und Umwelt.

In Auseinandersetzungen dieser Art, wo es um grundsätzliche Dinge geht, so lehrt der Physiker Prof. Dr. Herbert Pietschmann in einem seiner philosophischen Bücher, besteht für die Konfliktparteien die große Gefahr, dass sie „in ihren eigenen Schatten fallen", also die Kehrseite ihres Standpunktes nicht beachten.

Er macht das an einem Beispiel deutlich. Die Kehrseite von Individualität sei gelebter Solipsismus (nur das eigene Ich zählt) und die von Gemeinschaft Gleichschaltung und Auswechselbarkeit. Also: „Wer nur nach Selbstverwirklichung strebt und die Gemeinschaft vernachlässigt, wird zum Egoisten, wer nur die Gemeinschaft sieht und nicht sich selbst, wird zum Altruisten." Beide Standpunkte weisen Defizite auf. In dieser dialektischen Situation gilt es, so Pietschmann, die rechte Balance zu finden, zumindest das immer wieder zu versuchen – allemal ein schwieriges Unterfangen.

Was könnte der jeweilige „Schatten" bei unseren Konfliktparteien sein? Bei den Radfahrern, dass sie sich als Eiferer gebärden, mit Hang zum Herrischen und Autoritären; und bei den Autofahrern, dass sie zu sehr an dem festhalten wollen, was war und daher so bleiben soll. Damit Bewegung in die Auseinandersetzung kommt, ist es nötig, dass sich beide Seiten bewegen.

Im alltäglichen Leben ist die strikte Trennung hier Autofahrer, dort Radfahrer ohnehin nicht die Regel. Viele sind beides, mal sind sie mit dem Rad, mal mit dem Auto unterwegs, so im Übrigen auch der Autor dieser Zeilen. Sie kennen also die jeweils andere Situation bestens aus eigener Erfahrung. Umso überraschender, dass sie das immer wieder zu vergessen scheinen. Der Autofahrer ärgert sich über den Radfahrer. Am nächsten Tag ist er selbst Radfahrer und ärgert sich über den Autofahrer. Und nicht zu vergessen: Oft genug ist er ja auch noch Fußgänger ...

Critical Mass: Radler gehen auf die Straße

In San Francisco begann es, im Jahr 1992. Mittlerweile hat sich die Bewegung Critical Mass über den ganzen Globus ausgebreitet. In hunderten Städten, hierzulande neben Wien u.a. auch Wiener Neustadt und Graz, treffen sich Radler regelmäßig zu einem festgesetzten Zeitpunkt, um gemeinsam loszufahren. Und so für ihre Anliegen zu demonstrieren, für eine Aufwertung der sanften Mobilität, und zwar „verantwortungsvoll und unaggressiv", wie sie betonen. Bei diesen Ausfahrten machen sie die Stadt zu ihrer Stadt. Mitunter geht die Fahrt auch über dreispurige Straßen, die Route wird immer spontan festgelegt. In Wien sind bei dieser Gelegenheit auch immer witzige Rad-Kreationen zu bestaunen.

Bewegung als Ausgleich: Zum gesundheitlichen Nutzen vom Radfahren

Wer Fahrrad fährt, setzt durchaus seine Gesundheit aufs Spiel. Schnell droht Überanstrengung, mit weitreichenden Folgen. „So können die Muskeln, die Gelenke zu stark angestrengt werden, so das Nervensystem, die Lungen, das Herz, so die Nieren, denn dieselben haben als Hauptausscheidungsorgan eine sehr erhöhte Tätigkeit zu leisten, so die Augen, die Nase, der Kehlkopf. Alle diese Schäden können eintreten, auch wenn der Radfahrer ein durchaus passendes Rad fährt und den richtigen Sitz einnimmt. Bei fehlerhaftem Sitz können weiter die Verdauungsorgane geschädigt werden, die äußeren Geschlechtsorgane, die im Damm liegenden Teile, die Wirbelsäule, die Armmuskeln, die Augen usw." [zitiert in Paturi (1988) S. 7 ff]

Diese Warnung spricht nicht irgendwer aus, sondern der bedeutende Bonner Anatomieprofessor Dr. Paul Schiefferdecker, in seinem 500 Seiten umfassenden Kompendium „Das Radfahren und seine Hygiene". Allerdings war das vor hundert Jahren. Und heute? Heute dominiert die exakt gegenteilige Ansicht. Radfahren wird als Allheilmittel gegen verschiedene Zivilisationskrankheiten gepriesen. Demnach regt es den Stoffwechsel an,

Das Damenrad als unmoralisches Gefährt

Robert Adrian Hillman, whiteisthecolor/Shutterstock.com

„Es kann keinem Zweifel unterliegen, dass, wenn die betreffenden Individuen es wollen, kaum eine Gelegenheit zu vielfacher und unauffälliger Masturbation so geeignet ist, wie sie sich beim Radfahren darbietet. Wenn man, was vorgekommen ist, ganz absieht von denjenigen Fällen, in denen der Sattel in ganz besonderer Absicht mit einem nach oben gekrümmten Vorderteil versehen wurde, so bietet auch sonst der Sitz, rittlings mit ausgespreizten Schenkeln, ausreichende Möglichkeit, solchem Hange nachzugehen."
[ein Zeitgenosse Ende des 19. Jahrhunderts, zitiert in Franke (1987) S 78 f]

fördert das Immunsystem und wirkt protektiv gegenüber Krebserkrankungen. Und mehr noch: Wer längere Strecken fährt, komme in den Genuss einer Serotoninausschüttung, zuständig für bessere Stimmung bis hin zu einem euphorischen Radlers High.

Konsens herrscht jedenfalls, dass Radfahren einen gesundheitsfördernden Effekt hat. Dass es einmal als gesundheitsschädlich galt, finden wir eher skurril.

Studienautoren wollen herausgefunden haben, dass zweieinhalb Stunden moderate Bewegung pro Woche die Lebenserwartung um genau 3,4 Jahre steigert. Diese Zahlenformel, einmal in die Welt gesetzt, kursiert nun überall, in Vorträgen, Internetseiten, Artikeln. Die exakte Angabe bis auf die Dezimalstelle suggeriert höchste Seriosität, jedenfalls auf den ersten Blick. Auf den zweiten und genaueren Blick wirft sie in erster Linie neue Fragen auf. Was, wenn ich nun drei Stunden Bewegung pro Woche habe, gewinne ich dann noch mehr Lebenszeit, und wenn ja, wie viele Tage, Stunden oder Minuten? Oder hätte das eher den gegenteiligen Effekt, könnte also mehr Bewegung weniger Lebenszeit zur Folge haben?

Wie wir nun so nachdenken und nach einer Antwort suchen und uns die Zahlen durch den Kopf gehen, kommt uns diese Formel bald nicht weniger zweifelhaft, ja irrwitzig vor wie weiland die Warnung des Herrn Medizinprofessors. Um keine Missverständnisse aufkommen zu lassen: Nicht an der Empfehlung für Bewegung stören wir uns, sondern an dem Unterfangen, dies mit genauen Zahlenangaben zu verbinden. Als wären alle Menschen gleich und würden für alle die gleichen Gesetzmäßigkeiten gelten, ob Mann oder Frau, jung oder alt, gesund oder krank. Hier feiert tiefstes 18. Jahrhundert fröhliche Urständ, das längst überholt geglaubte mechanistische Weltbild, das davon ausgeht, dass der Mensch wie ein Uhrwerk funktioniert.

Warum dieser Rückfall? Dem Menschen scheint Unsicherheit jedweder Art unerträglich zu sein. So klammert er sich lieber an Formeln, die Sicherheit versprechen, so zweifelhaft die sein mag.

Der Fehler der Medizin bestand früher, zu Zeiten des Bonner Anatomieprofessor Schiefferdecker, darin, die mehr oder weniger persönliche Ansicht eines prominenten Arztes absolut zu setzen und für wahr zu nehmen. Und heute besteht sie darin, dass sie nur noch Messdaten gelten lässt und das, was einmal hoch im Kurs stand, die Intuition und Erfahrung des einzelnen Arztes, nichts mehr zählen. Beide Ansätze, sowohl die Eminenz- wie auch die Evidenz-basierte Medizin, wie wir sie kurz und prägnant nennen wollen, weisen spezifische Defizite auf.

Jeder nach seinen Möglichkeiten

Bevor Sie nun daran gehen, sich auszurechnen, wie viele Minuten Sie pro Tag mit dem Fahrrad unterwegs sein müssen, um x Tage Lebenszeit zu gewinnen, dies zudem auf Basis eines Rechenmodells, das vielleicht überhaupt nicht stimmt, kehren sie lieber zum Selbstverständlichsten zurück: Ihren eigenen Empfindungen zu vertrauen. Sie selbst wissen schließlich am besten, was Ihnen gut tut und was Ihnen gefällt und wann eine Anstrengung Ihnen zu viel wird.

„Der Riesenvorteil, das Rad als Fortbewegungsmittel zu nutzen, besteht darin, dass man regelmäßige Bewegung einfach in den Alltag einbauen kann. Ganz allgemein helfen rhythmische Bewegungen gegen psychische Verstimmungen. Ab 20 Minuten sportlicher Aktivität lässt das Gehirn quälende Gedanken und Sorgen hinter sich“, sagt Prof. Dr. Sylvia Titze, Leiterin des Instituts für Sportwissenschaft der Universität Graz.

Für den einen mögen 10 km pro Woche auf dem Rad richtig sein, für den anderen 40 km. Der Mensch ist einzigartig, das dürfen wir nie vergessen. Daher zählt allein der Einzelfall.

Man kann gemächlich dahinrollen oder schnelle Sprints einlegen. Das Schöne am Radfahren ist, dass es nicht einen bestimmten Fahrstil verlangt. Jeder kann so in die Pedale treten, wie es ihm gefällt und wie es seine Physis und seine Psyche zulassen. Beim Radfahren werden keine Gelenke belastet, nur Muskeln. Daher kennt das Radfahren im Grunde keine Altersbegrenzung.

Arbeit und Rad

Nach oben buckeln, nach unten treten. Radfahren wird gerne als Synonym für charakterliche Defizite subalterner Typen angeführt. Für einen Typus von Mensch, teils schleimig-untertänig, teils herrschsüchtig-hartherzig, den wir nicht gerne als Arbeitskollegen haben möchten.

Abseits dieses Sinnbildes: Arbeit und Radfahren passen bestens zusammen, gerade heute, da viele den ganzen Tag, von morgens bis abends, vor dem Computer sitzen. Nach solch einer Tätigkeit tut der Tritt in die Pedale gut. Endlich wieder etwas Bewegung. Ein wohltuender Ausgleich. Oft auch ein willkommenes Ventil, um den über den Tag angestauten Ärger wieder los zu werden. Frust in Bewegung umsetzen. Das Fahrrad als Deeskalationsmittel. Manche preisen es auch als herrliche Inspirationsquelle. Radfahren bringt nicht nur das Gefährt in Bewegung, sondern auch die Gedanken. Mit der Verausgabung verschwinden die Verspannungen. Blockaden lösen sich und der eingeengte Blick weitet sich. Der Kopf wird wieder frei.

Die vermeintlich stupid-monotone Drehbewegung scheint Wunder zu wirken, die Seele nämlich in die Lage zu versetzen, „abzuheben". Das einfache Strampeln befördert den leichten Tagtraum. (Umgekehrt wäre das mechanische Vor-sich-hin-Strampeln ohne die Höhenflüge der Fantasie wohl kaum auszuhalten.)

Von dieser Leistung des Radfahrens ist in medizinischen Journalen kaum etwas zu lesen – ist sie doch schlecht in Zahlen zu transformieren. Aber vielleicht haben Sie selbst schon eine derartige Erfahrung gemacht. Und es gibt dafür einen prominenten Gewährsmann. Kein Geringerer als Sir Arthur Conan Doyle, der Sherlock-Holmes-Erfinder, schreibt 1896 über die Vorzüge des Fahrradfahrens im „Journal Scientific American": „Wenn du bedrückt bist und alles dunkel scheint, wenn die Arbeit eintönig wird und es scheinbar sinnlos ist, auf irgendwas zu hoffen, dann steig aufs Rad und mach eine Tour, einfach die Straße runter, ohne irgendwas anderes zu denken als an Fahren." Schon bald helle sich die Seele wieder auf – und möglich, dass sich durch solche Aufhellungen gar ein paar Sekunden oder Minuten Lebenszeit gewinnen lassen.

Von Candela-Bestimmung bis Straßenbenützungpflicht: Der Radfahrer und die Straßenverkehrsordnung

Der Radfahrer ist genauso Verkehrsteilnehmer wie der Autofahrer. Daher gelten für beide grundsätzlich dieselben Regelungen. Grundsätzlich. In manchen Bereichen bestehen allerdings Sonderregelungen für den Radfahrer. Welche das sind und was der Radfahrer besonders zu beachten hat, das fragten wir den Fahrradrechts-Experten Dr. Johannes Pepelnik, Rechtsanwalt in Wien.

Muss mein Fahrrad eine Lichtanlage besitzen?

Bei Tageslicht und guter Sicht ist das Fahren ohne Lichter erlaubt. Eine Lichtanlage per se ist also nicht vorgeschrieben. Vorgeschrieben sind allerdings Reflektoren, die vorne (weiß) und hinten (rot) am Rad, außerdem an den Laufrädern (seitlich) und Pedalen angebracht sein müssen. Sind die Lichtverhältnisse schlecht, was mitunter auch tagsüber der Fall sein kann, so hat der Radfahrer mit Licht zu fahren. Von diesen Reflektoren sind die Lichter zu unterscheiden. Die Fahrradverordnung bestimmt für das Vorderlicht, dass es sich dabei um einen mit dem Fahrrad fest verbundenen Scheinwerfer handeln muss, der die Fahrbahn nach vorne mit weißem oder hellgelbem Licht beleuchtet. Und zwar mit einer Lichtstärke von 100 Candela (cd) – das Problem ist nur, dass kaum jemand diese Einheit kennt und die Hersteller auch keine Candela-Angaben zu ihren Produkten machen. Weiters schreibt der Gesetzgeber vor, dass dieses Licht „ruhend" zu sein hat, also nicht blinken darf. Für das Rücklicht gilt: Es muss rot leuchten, mit einer Lichtstärke von 1 cd, und dieses Licht darf im Gegensatz zum Vorderlicht blinken. Ausgenommen von dieser Regelung sind Rennfahrräder – sie dürfen auch ohne entsprechende Lichteinrichtung in Verkehr gebracht werden.

Wie ist ein Rennfahrrad definiert?

Derzeit noch durch diese technischen Merkmale: Eigengewicht höchstens 12 kg, äußerer Felgendurchmesser höchstens 630 mm und äußere Felgenbreite höchstens 23 mm. Dazu muss das Rad einen Rennlenker aufweisen – wobei das Ministerium in der Frage des Lenkers zu einer dynamischen Betrachtungsweise neigt, das heißt, neben dem klassischen, also nach unten gebogenen Rennlenker werden auch andere Bauarten wie beispielsweise der Triathlon-Lenker akzeptiert. Wichtig: Ein Mountainbike-Fahrer mag sein Fahrgerät noch so sehr als Rennmaschine betrachten – für ihn gelten all die Ausnahmeregelungen nicht, die für Rennradfahrer bestehen. Oder um genau zu sein: für Rennradfahrer während einer Übungsfahrt. Für sie besteht eine ganze Reihe von Ausnahmeregelungen. Beispielsweise dürfen Rennradfahrer auf der Straße auch nebeneinander fahren, was dem „normalen" Radfahrer nicht gestattet ist. Vor allem gilt für sie die Radwegebenützungspflicht nicht, das heißt, sie dürfen auch auf der Straße fahren.

Darf ich ohne Klingel Rad fahren?

Nein, die Fahrradverordnung schreibt eine „Vorrichtung zur Abgabe akustischer Warnzeichen" vor, eine Ausnahme gilt nur für Rennräder auf Trainingsfahrt.

Ich habe als Radfahrer auf der rechten Seite der Straße zu fahren. Wie weit rechts ist rechts? Oder anders gefragt: Welchen Abstand zur Gehsteigkante kann oder muss ich einhalten?

Das Gebot lautet, so weit rechts zu fahren, wie es die Verkehrssituation erlaubt. Sind Kanaldeckel an der Seite oder liegt dort Unrat, so müssen Sie nicht darüberfahren, das würde Sie vielmehr dazu berechtigen, mehr in der Mitte zu fahren, so im Übrigen auch, wenn Autos an der Seite geparkt sind und Sie damit rechnen müssen, dass jederzeit eine Autotür aufgehen kann. Zur groben Orientierung: Rechts fahren bedeutet im Allgemeinen, einen Abstand von 0,80 bis 1 Meter zum Fahrbandrand einzuhalten.

Darf ich freihändig Rad fahren?

Nein. Die Straßenverkehrsordnung verbietet dies, allerdings nur für Straßen mit öffentlichem Verkehr. Auf einem Privatparkplatz, im Wald oder auf Ihrem Grundstück ist es Ihnen unbenommen, freihändig zu fahren.

Muss ich als Radfahrer ein Handzeichen geben, wenn ich in eine andere Straße abbiegen möchte?

Ja, ein Fahrstreifenwechsel ist durch deutlich erkennbare Handzeichen anzuzeigen.

Darf ich, etwa nach einem Heurigenbesuch, im alkoholisierten Zustand nach Hause fahren?

Kommt darauf an, in welchem alkoholisierten Zustand Sie sind. Für den Radfahrer gilt ein Alkohollimit von 0,8 Promille – für den Autofahrer von 0,5 Promille. Der Gesetzgeber macht also einen Unterschied, was den Alkoholisierungsgrad betrifft, nicht aber in der Strafandrohung, die ist für beide, für Rad- und Autofahrer, gleich. Was für mich nicht nachvollziehbar ist. Schließlich gefährdet der alkoholisierte Radfahrer in erster Linie sich selber, während der alkoholisierte Autofahrer mit seinem tonnenschweren Fahrzeug vor allem andere gefährdet. Nachdem der Gesetzgeber dazu aufgefordert ist, Gleiches gleich und Ungleiches ungleich zu behandeln, betrachte ich es als überfällig, eine Differenzierung auch bei der Strafandrohung vorzunehmen.

Muss ich als Radfahrer den Radweg benutzen?

Ja, wo ein Radweg vorhanden ist, müssen Sie ihn als Radfahrer benutzen, Sie dürfen also nicht daneben auf der Straße fahren. Es sei denn, der Radweg ist verstellt oder verschneit. Dann ist diese Pflicht aufgehoben. Mit der Novellierung der Straßenverkehrsordnung 2013 wurde den Straßenerhaltern, also den Gemeinden in der Regel, das Recht eingeräumt, die Radwegebenutzungspflicht streckenweise aufzuheben – wo es die Sicherheit und Flüssigkeit des Verkehrs erlaubt. Für diese besonderen Radwege wurde ein neues Verkehrszeichen geschaffen: ein blaues, eckiges Schild mit Fahrradsymbol. Bei solcherart gekennzeichneten Radwegen ist es dem Radfahrer frei gestellt, ob er den Radweg oder die Straße benutzt.

Darf ich mein Rad auf einem Radweg schieben?

Nein, wenn Sie es schieben, sind Sie Fußgänger. Und ein Fußgänger hat auf einem Radweg nichts verloren.

Darf ich als Radfahrer gegen die Einbahn fahren?

Viele glauben, der Radfahrer dürfte gegen jede Einbahn fahren. Das stimmt aber nicht! Die Grundregel lautet: Der Verkehrsteilnehmer muss mit dem Verkehr fahren. Gegen die Einbahn darf der Radfahrer nur fahren, wenn dort ein Radstreifen ist. Ist der verschneit oder sonstwie unbenutzbar, darf der Radfahrer nicht einfach auf die Straße ausweichen. Sonderregelung: Sind Wohnstraßen als Einbahnstraßen gekennzeichnet, darf der Radfahrer sie auch in entgegengesetzter Richtung benutzen. Selbst wenn nicht ausdrücklich erlaubt, ist die Wohnstraße auch in entgegengesetzter Richtung zu befahren.

Darf ich das Fahrrad auf dem Gehsteig abstellen?

Ja, falls Fußgänger noch problemlos vorbeikommen können. Der Gesetzgeber schreibt vor, dass eine sogenannte Restgehsteigbreite von 2,50 Meter einzuhalten ist. Ein Problem stellen absolute Halteverbotszonen dar, wie etwa auf dem Wiener Stephansplatz. Dort darf das Fahrrad ebenso wie das Auto nicht abgestellt werden.

Dürfen Radfahrer nebeneinander fahren?

Auf dem Radweg und in der Wohnstraße schon, in den neu eingeführten Begegnungszonen und Fahrradstraßen auch, auf der „normalen" Straße nicht – es sei denn, es handelt sich um Radrennfahrer während einer Trainingseinheit, die dürfen das. Ich kritisiere aber, dass ein Fahren im Pulk für gewöhnliche Radfahrer nicht erlaubt ist. Denn dieses Verbot ist mit ein Grund dafür, dass Schulklassen kaum Fahrradausflüge machen. Die Schüler haben in einer langen aufgefädelten Linie zu fahren, einer nach dem anderen – und das ist nun wirklich gefährlich!

Was ist beim Überholen zu beachten?

Der Radfahrer darf, so wie der Autofahrer, grundsätzlich nur links überholen. Eine Ausnahme stellen Schienenfahrzeuge dar, die auch rechts überholt werden dürfen. Vom Überholen ist das Vorfahren abzugrenzen. Beispiel: Eine Autokolonne steht vor einer Ampel, die Rot zeigt. Der Radfahrer darf sich in diesem Fall links oder rechts – oder auch abwechselnd links und rechts – an den Autos vorbeischlängeln. Allerdings: Setzt sich währenddessen die Kolonne wieder in Bewegung, hat der rechts vorfahrende Fahrradfahrer seine Geschwindigkeit zu drosseln. Er darf rechts nicht schneller fahren als die Kolonne, denn sonst würde er ein Überholmanöver begehen.

Umgekehrt: Was hat der Autofahrer zu beachten, wenn er einen Radfahrer überholt?

Er hat einen Seitenabstand einzuhalten. Wie groß der sein muss, ist von mehreren Faktoren abhängig: vom Wetter, den Straßenverhältnissen – und auch der Fahrgeschwindigkeit. Je höher die ist, desto größer hat auch der einzuhaltende Abstand zu sein. Denn: Der Autofahrer hat sich so zu verhalten, dass eine Gefährdung des Fahrradfahrenden ausgeschlossen ist.

Muss ich zum Fahrradfahren einen Helm tragen?

Die Helmpflicht besteht nur für Kinder unter 12 Jahren.

Dürfen Kinder auf der Straße Fahrrad fahren?

Hier ist vor allem das Alter entscheidend. Kinder ab 12 Jahren – oder ab 10 Jahren mit Fahrausweis – dürfen alleine die Straße benutzen. Wobei das Laufrad ihres Fahrrads eine Mindestgröße von 22 Zoll haben muss, andernfalls gilt es als Spielzeug, und das hat auf der Straße nichts verloren. Und das heißt zugleich: Kleinere Kinder mit kleineren Rädern dürfen den Gehsteig benutzen.

Was ist beim Transport von Kindern auf dem Fahrrad zu beachten?

Zunächst: Es darf nur ein Kind mitgeführt werden. Der Kindersitz muss mit dem Fahrradrahmen fest verbunden sein und ist hinter dem Sattel anzubringen. Jeder Kindersitz muss ausgestattet sein mit einem Gurtsystem, das vom Kind nicht leicht geöffnet werden kann, mit einem höhenverstellbaren Beinschutz, mit Fixierriemen für die Füße und mit einer Lehne, die das Abstützen des Kindes erlaubt. Das mitgeführte Kind sitzt also hinter dem Fahrer. Für sogenannte Transportkisten wird die umgekehrte Regelung gelten: Diese

Transportvorrichtung wird nur vorne erlaubt, nicht hinten. Wobei man sich fragt, ob die Verantwortlichen dieser Regelung noch nie Rikschas gesehen haben, diese klassischen Fahrzeuge, wo die Mitfahrer hinter dem Fahrer Platz nehmen.

Ein Autofahrer biegt ab und übersieht mich, den Radfahrer, weil er ganz mit Telefonieren beschäftigt ist. Nur mit einer Vollbremsung kann ich einen Unfall verhindern. Der Schrecken ist groß, auch die Wut – macht in diesem Fall eine Anzeige Sinn?

Ja, wenn man sich das Kennzeichen gemerkt hat. In dem Fall sollte eine verwaltungsrechtliche Anzeige zumindest wegen Übertretung der Straßenverkehrsordnung (Abbiegen ohne schauen) und des Kraftfahrgesetzes (telefonieren) anstrengen, denn nur so kann es zu einer Disziplinierung kommen. Selbstverständlich ist darauf hinzuweisen, dass dies eine Verleumdung sein könnte, wenn sich die Anschuldigungen nicht als wahr herausstellten. Gut ist daher, möglichst viele Details anzugeben sowie Zeugen. Zivilrechtlich wird man mangels Schaden wohl nichts fordern können, ebensowenig wird das Verhalten strafrechtlich zu würdigen sein. Die Anzeige kann entweder schriftlich an die Bundespolizei geschickt oder beim Kommissariat zu Protokoll gegeben werden.

Laut Fahrradverordnung muss ein Fahrrad folgende Ausstattung haben:

- **Klingel**
- **2 voneinander unabhängige Bremsen**
- **Beleuchtung vorne**
  - Weißes oder hellgelbes Vorderlicht
  - Ruhendes, nichtblinkendes Licht
  - Rückstrahler weiß*
- **Beleuchtung hinten**
  - Rotes Rücklicht
  - Ruhendes oder blinkendes Licht
  - Rückstrahler rot*
- **Gelbe Reflektoren an den Pedalen**
- **Reflektoren für die Räder**
  „Katzenaugen", Reflektorstäbchen für die Speichen oder Reflektoren an den Reifen (z.B. ringförmiges Reflektorband)

* Die Rückstrahler können auch ins Vorder- bzw. Rücklicht integriert sein

Wichtige Verkehrsregeln

Als **Radwege** werden Radverkehrsanlagen bezeichnet, die baulich getrennt von der Fahrbahn geführt werden. Ob diese benützungspflichtig sind oder nicht, lässt sich an der Beschilderung erkennen. Bei Trainingsfahrten mit dem Rennrad besteht keine Benützungspflicht. Die erlaubte Fahrtrichtung wird durch Pfeilmarkierungen auf dem Boden angezeigt.

Radfahrstreifen finden sich auf einigen stark befahrenen Straßen und in Einbahnstraßen, in denen das Radfahren gegen die Einbahn erlaubt ist. Diese Streifen sind durch eine durchgehende Linie von der Straße abgetrennt und mit einem Radsymbol versehen. Sie sind allein für Radfahrer bestimmt und dürfen nur in eine Richtung befahren werden.

Ein **Mehrzweckstreifen** ist ein Radfahrstreifen, der durch eine durchbrochene Markierung (Leitlinie) von der Straße abgetrennt ist. Er darf auch von anderen Verkehrsteilnehmern benutzt werden, z.B. wenn ein Lkw ansonsten zu breit für die Fahrbahn wäre. Für Mehrzweckstreifen gilt, dass sie nur in dieselbe Fahrtrichtung wie der Verkehr auf der angrenzenden Fahrbahn befahren werden dürfen.

Eine **Radfahrerüberfahrt** kann als Zebrastreifen für Radfahrer bezeichnet werden. Sie ist durch eine gleichmäßige Blockmarkierung gekennzeichnet. Radfahrer haben hier Vorrang. Achtung: Der Radfahrerüberfahrt darf man sich maximal mit einer Geschwindigkeit von 10 km/h annähern. Die Radfahrerüberfahrt darf nicht unmittelbar vor einem herannahenden Fahrzeug überquert werden.

Einbahnen gelten immer auch für Radfahrer, es sei denn, ein Zusatzschild erlaubt das Fahren gegen die Einbahn.

Mit **Vorrangregeln** soll vermieden werden, dass Fahrzeuge zugleich in die Kreuzung einfahren und Unfälle passieren. Eine wichtige Vorrangregel ist die Rechtsregel, die besagt, dass jenes Fahrzeug, das von rechts kommt, Vorrang hat. Beim Verlassen der Radfahranlage (z.B. Radweg) gilt, dass Radfahrer anderen Fahrzeugen Vorrang geben müssen.

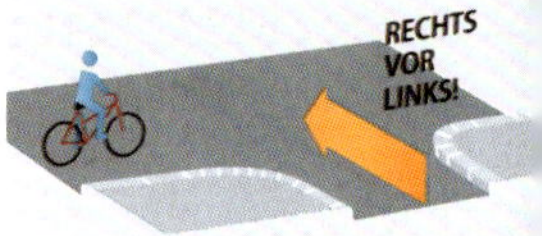

In einer **Fahrradstraße** ist nur Fahrradverkehr erlaubt, allerdings ist das Zu- und Abfahren mit Kraftfahrzeugen im Allgemeinen erlaubt ebenso wie das Queren der Fahrradstraße. Radfahrer dürfen hier nebeneinander fahren und sie dürfen nicht behindert werden. Das Tempolimit beträgt 30 km/h.

In einer **Begegnungszone** dürfen Fußgänger die gesamte Fahrbahn benützen. Kfz-Lenker dürfen sowohl den Fuß- als auch den Radverkehr weder behindern noch gefährden. Die erlaubte Höchstgeschwindigkeit beträgt 20 bzw. in Ausnahmen 30 km/h und ist am Verkehrszeichen vermerkt.

Radweg ohne Benützungspflicht
Dieses Verkehrszeichen zeigt Radwege an, die von Radfahrern benutzt werden dürfen, aber nicht müssen.

Vorrang geben
Andere Verkehrsteilnehmer haben Vorrang.

Fahrverbot für Fahrräder
Hier dürfen Sie nicht fahren, das Fahrrad darf aber geschoben werden.

Fahrverbot
Hier gilt absolutes Fahrverbot. Fahrräder dürfen geschoben werden.

Einfahrt verboten
Hier dürfen Sie nicht einfahren, außer eine Zusatztafel erlaubt es.

Kennzeichnung einer Radfahrerüberfahrt
Radfahrer haben Vorrang und müssen über die Straße gelassen werden. Achtung: Radfahrer dürfen sich einer Radfahrerüberfahrt, die nicht durch eine Ampel geregelt ist, mit höchstens 10 km/h nähern!

Kennzeichnung eines Schutzweges und einer Radfahrerüberfahrt
Dieses Zeichen zeigt einen Schutzweg und eine unmittelbar daneben liegende Radfahrerüberfahrt an.

Fußgängerzone
Hier dürfen Radfahrer nur fahren, wenn es eine Zusatztafel erlaubt, auf der „ausgenommen Radfahrer" steht.

Wohnstraße
Fahren Sie langsam, das heißt mit Schrittgeschwindigkeit, und achten Sie besonders auf spielende Kinder.

Radweg
Das Schild kennzeichnet den Beginn eines benützungspflichtigen Radweges.

Gemeinsam geführter Geh- und Radweg
Geben Sie hier besonders acht auf die Fußgänger!

Getrennt geführter Geh- und Radweg
Ein Geh- und Radweg, bei dem Fußgänger- und Radverkehr getrennt geführt werden.

Das Rad im Alltag

„Fällt mir nichts ein, fahre ich Rad. Gifte ich mich, fahre ich Rad.
Habe ich Kopfweh, fahre ich Rad. Alles kurier ich durchs Rad.
Es ist eine herrliche Erfindung und für die Gesundheit unbeschreiblich."

Hermann Bahr (1863 – 1934), österreichischer Schriftsteller,
Dramatiker und Literaturkritiker, in einem Brief an seinen Vater

„Wir wollen den Radverkehrsanteil im Land weiter erhöhen": Vorarlberg geht voran

Besuch bei DI Martin Scheuermaier, Leiter der Koordinationsstelle für Mobilitätsmanagement im Landhaus Bregenz

Am Türschild zu seinem Büro im Bregenzer Landhaus hängt ein Fahrrad-Emblem. Hier arbeitet der Leiter der Koordinationsstelle für Mobilitätsmanagement, Martin Scheuermaier. Lange bevor Wien einen „Fahrradbeauftragten" bekam, gab es bereits diese Stelle. Das Ländle einmal mehr als Vorreiter.

Schon heute weist Vorarlberg mit 15 Prozent den größten Radverkehrsanteil aller heimischen Bundesländer auf, doch dieser Anteil soll weiter steigen – das ist Konsens aller Parteien im Landtag. Im Interesse der Umwelt und der Bevölkerung.

Scheuermaiers Aufgabe ist in erster Linie, die Menschen dazu zu motivieren, das Auto öfters stehen zu lassen. Und stattdessen die Bahn oder das Rad zu benutzen. Oder beides. Ein Jahresbudget von etwa 200.000 Euro steht ihm dafür zur Verfügung, immerhin, und doch ist das bloß ein Bruchteil des Werbeetats der Autoindustrie.

Vom erhobenen Zeigefinger hält Scheuermaier nichts. Er versteht sich nicht als eine Art Turnvater Jahn. Stattdessen setzt er auf sanfte und spielerische Überzeugungsarbeit. Fahrradfahren macht Spaß! Das möchte er vermitteln. Es bedeutet einen Gewinn an Lebensqualität! Dazu hat er im Land Initiativen wie „Fahrrad freundlich" ins Leben gerufen.

Früher galt Fahrradfahren vor allem als Freizeitspaß, etwas fürs Wochenende. Der Mobilitätsbeauftragte möchte das Rad als Alltagsverkehrsmittel etablieren.

Große Sprünge erlaubt sein Budget freilich nicht. Also heißt es, kreativ zu sein. Scheuermaier setzt unten an, an der Basis, er versucht Gemeinden und Betriebe für gemeinsame Aktionen zu gewinnen. Mit Erfolg.

Am Anfang waren es nur wenige Unternehmen, wie etwa der international tätige Beschlägehersteller „Julius Blum", die sich an den ausgerufenen „Fahrradcheckaktionen" für ihre Mitarbeiter beteiligten, nun folgen immer mehr Betriebe nach.

Die Industrie zieht tatsächlich mit? „Ja", sagt Scheuermaier. „Weniger Autos auf Vorarlbergs Straßen sichern den Wirtschaftsstandort Vorarlberg, da auf diese Weise die gute Erreichbarkeit der Betriebe gewährleistet wird. Weitere Vorteile für einen Betrieb sind Kosteneinsparungen und gesündere Mitarbeiter."

Einmal im Jahr gibt es im Rahmen der Vorarlberg MOBILwoche die sogenannte Autoverpackaktion. Motto: Mein Auto hat heute frei. Ein Wettbewerb, bei dem die schönsten Verpackungen und die originellsten Ideen prämiert werden.

Scheuermaier ist Ansprechpartner für alle Belange, die die Mobilität mit dem Fahrrad betreffen. Er erhält Verbesserungsvorschläge, oft genug auch Beschwerden. Warum, so fragen viele Bürger, können die Österreichischen Bundesbahnen nicht spezielle Fahrrad-Waggons an ihre Zuggarnituren anhängen, denn die wenigen Möglichkeiten, Fahrräder in den Abteilen abzustellen, seien gerade in Spitzenzeiten schnell erschöpft. Scheuermaier gibt die Anliegen weiter. Das Thema

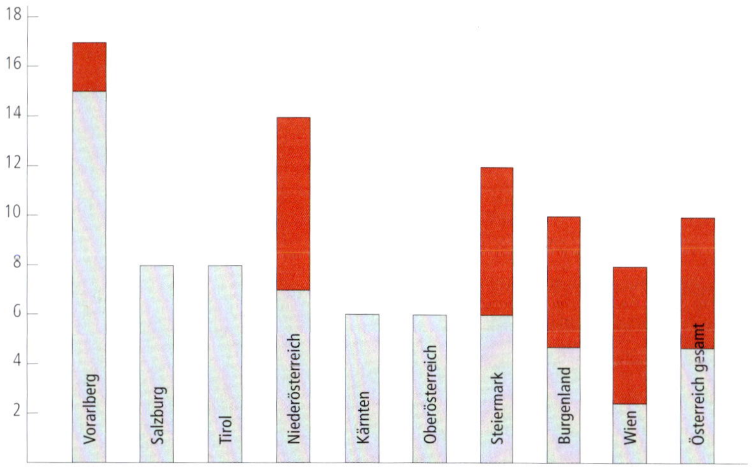

Radverkehrsanteile in Prozent (grau) und Ziele (rot)
Quelle: Amt der Vorarlberger Landesregierung

Fahrrad finde bei der ÖBB allerdings kaum Gehör. „Sie schafft es nicht einmal, bundesweit einen einheitlichen Radverleih aufzubauen – stattdessen kocht jedes Bundesland sein eigenes Süppchen."

Nun gut, manchmal ginge doch etwas voran in Sachen „Bike & Ride", der Kombination von Fahrrad und Bahn. Scheuermaier führt das mehrgeschossige Fahrrad-Parkhaus in Dornbirn an, das direkt neben dem Bahnhof errichtet wurde. Nicht nur neue Radwege müssten gebaut werden, sondern auch moderne Abstellanlagen. Und unter modern versteht Scheuermaier Anlagen, die das Rad nicht nur vor den Unbilden des Wetters und vor Diebstahl schützen, sondern Servicecharakter (Werkzeug- und Pumpenstation etc.) haben.

Studiert hat Scheuermaier Bauingenieur- und Verkehrswesen. Heute hat sein Beruf sehr viel mit Kommunikation zu tun. Und, etwas pathetisch ausgedrückt, mit der Verbesserung der Welt. Keine geringe Aufgabe. Ihm gefällt sie!

Was muss seiner Ansicht nach getan werden, um die Sicherheit des Radfahrers zu erhöhen? „Zu gefährlichen Situationen und Konflikten kommt es vor allem dort, wo Verkehrsteilnehmer mit unterschiedlichem Tempo aufeinandertreffen. So Radfahrer und Fußgänger. Und Radfahrer und Autofahrer. Die Lösung liegt in einer Angleichung der Geschwindigkeiten. Aus diesem Grund wollen wir die Tempo-30-Zonen in Ortschaften weiter ausbauen", sagt Scheuermaier.

Mit zunehmendem Anteil am Verkehrsgeschehen nimmt auch die Sicherheit des Radfahrers zu, das zeigen Zahlen aus dem Ausland. Diese auf den ersten Blick paradoxe Gesetzmäßigkeit erklären Experten so: Ein neuer Verkehrsteilnehmer muss einen Anteil von mindestens zehn Prozent erreichen, um überhaupt von den Autofahrern als gleichberechtigter Partner ernst genommen zu werden. Dies erklärt auch, wieso in Städten mit einem einstelligen Radverkehrsanteil die Radler oft noch als „Störenfriede" gesehen werden.

Früher, als Student, wollte Scheuermaier kein Auto besitzen, weil er keine Lust hatte, zu dessen Anschaffung eigens in den Semesterferien zu arbeiten. Dann, als er in Brot und Arbeit stand und eine Familie hatte, wollte er ausprobieren, ob ein Leben ohne Auto nicht auch möglich ist. Inzwischen weiß er: Es ist möglich, sogar sehr gut.

Es ist Februar, Matsch liegt auf den Straßen. Scheuermaier ist wie jeden Tag mit dem Rad in die Arbeit gefahren. Genau genommen mit seinem „Winterfahrrad", sein anderes Rad, das bessere, möchte er nicht dem Salz aussetzen. „Ich bin der, dem die Autofahrer den Vogel zeigen. In ihren Augen bin ich verrückt. Und böse obendrein, weil ich den Verkehr aufhalte", sagt er, lacht und ist gerne bereit, sein Rad aus der Garage zu holen, um mit ihm vor dem Landhaus für ein Foto zu posieren.

Der hohe Preis für ein bisschen mehr Bequemlichkeit

Mein Steuerberater sagt, dass ein Mittelklassewagen im Monat gut und gerne 700 Euro kosten kann, Anschaffung, Versicherung, Service, Reparaturen und Sprit inklusive. Wie lange muss man arbeiten, um die 700 Euro beisammen zu haben? Was könnte man sich darum kaufen? Dinge, von denen man bisher nur geträumt hat? Ist es das bisschen mehr Bequemlichkeit, das bisschen mehr Unabhängigkeit wert? Mir nicht. Ich für meinen Teil könnte sogar zum Einkaufen mit dem Taxi fahren, so viel Geld erspare ich mir jedes Monat. Hin und retour könnte ich mich kutschieren lassen! Tue ich natürlich nicht, weil selbst Großeinkäufe in Rucksack und Packtasche passen. Und weil mein Rad vom Einkaufstempel genau bis vor das Haustor fährt. (Mauch 2011)

connel/Shutterstock.com

Der Drahtesel als Packesel: Sonderausführung mit großer Ladefläche

Besuch bei Florian Weber, Mitbegründer des Lastradbotendienstes „Heavy Pedals" in Wien

Eine Bierkiste hinten aufs Fahrrad? Warum nicht? Ein normaler Gepäckträger hält das aus. Das Ladegut muss nur ordentlich befestigt und die Fahrweise entsprechend angepasst werden, denn wackelig ist die Sache allemal. Kommt nun allerdings, sagen wir, ein Karton Orangensaft noch dazu, muss das ganze Unternehmen abgeblasen werden, weil dazu die Kapazität des Fahrrads nicht ausreicht. Des gewöhnlichen Fahrrads genau genommen, ein Lastenfahrrad dagegen ist für Herausforderungen dieser oder ähnlicher Art buchstäblich wie geschaffen. Und was mit so einem Spezialrad alles transportiert werden kann! Ein Kühlschrank, eine Waschmaschine, eine meterhohe Palme, ein Aktenschrank ... All dies hat jedenfalls Florian Weber schon damit befördert. Der Drahtesel als Packesel.

Vor etwa fünf Jahren begann sich Weber für diese Art der sanften Beförderung zu interessieren. Zunächst aus der Not heraus. Er hatte Video-Equipment zu transportieren, und mit einem normalen Fahrrad war das nicht zu machen. Also schaute er sich nach Alternativen um. Und entdeckte das Lastenfahrrad, dieses Sonderfahrzeug mit extra großer Ladefläche. Und tatsächlich, damit klappte der Transport. Was mir hilft, kann auch anderen helfen, dachte er sich. Und so war eine Geschäftsidee geboren: Mit Freunden baute er in Wien den Lastradbotendienst „Heavy Pedals" auf, später kam ein eigenes Geschäft mit Lastenradverkauf dazu.

Noch fällt das Lastenrad in Wiens Straßen als exotisches Gefährt auf. Doch vielleicht wird sich das schon bald ändern. Denken wir nur an die Fahrradkuriere. Auch sie provozierten in der Anfangszeit, vor mehr als zehn Jahren, erstaunte Blicke. Inzwischen haben wir uns an die flotten Radler mit den auffallend großen Packtaschen auf dem Rücken längst gewöhnt.

Wieso sollte es mit Lastenrädern nicht ähnlich laufen? Die Vernunft spricht in jedem Fall für sie, denn sie eignen sich nicht zuletzt für Einkäufe. Ohne Stau und ohne Parkplatzsuche und ohne Luftverpestung. Und vor allem ohne für die paar Kilogramm Besorgung ein tonnenschweres Fahrzeug in Bewegung zu setzen.

Vieles kann mit dem Lastenrad befördert werden, aber nicht alles. Ein Klavier beispielsweise nicht. Die Gewichtsgrenze liegt, so Florian Weber, bei etwa 100 Kilogramm. Etwas mehr, bis zu 250 Kilogramm, schaffen die mit elektronischer Unterstützung angetriebenen Pendants.

Wer schon einmal in Kopenhagen war, weiß, dass das Lastenrad dort fast genauso zum Straßenbild gehört wie die Ampelanlage. Die Leute nutzen es als praktisches Fahrzeug. Aus Dänemark kommen denn auch viele Modelle, die Weber verkauft. Ein populäres, „Christiania", benannt nach der Aussteigerkommune im Zentrum von Kopenhagen, verweist darauf, dass diese Radspezies ihren Ursprung im alternativen, subkulturellen Milieu hat.

Ein oder schlicht der Klassiker ist der „Long John". Bei ihm befindet sich die Ladefläche zwischen Lenker und Vorderrad. Das Vorderrad ist klein, um das Transportgut und damit auch den Schwerpunkt des Rads niedrig zu halten.

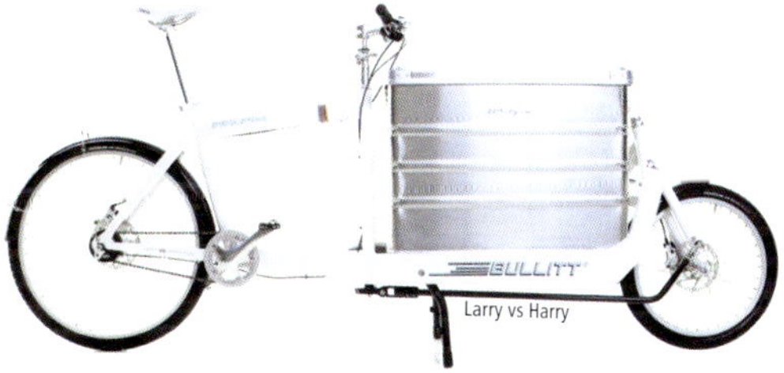

Larry vs Harry

Christiania Bikes

Lastenbikes

- www.xtracycle.com
- http://bakfiets.nl
- www.christiania bikes.com
- http://yubaride.com/mundo-cargo-bike
- www.2-pedals.org/HTML/Unterseiten/Truck_Geschichte.html
- www.larryvsharry.com
- www.kangaroobike.com
- www.kemper-velo.de
- www.used-hq.de
- http://elfkw.at
- www.citybike.at
- www.bernds.de/pack-bernds.html

Fahrradcargo in Wien

- http://heavypedals.at
- http://lastenradkollektiv.blogsport.de
- www.spinning-circle.at
- http://lastenrad.net/

Andere Lastenräder besitzen vorne eine Transportkiste. Diese Kiste liegt auf einem oder, je nach Ausführung, auch zwei Vorderrädern. In der Kiste können, wieder je nach Ausführung, Güter oder Kinder mitgeführt werden. Lieferfahrzeug oder Kinderrikscha.

Anders als im Kindersitz hinten auf dem Fahrrad blickt der oder die Kleine nicht auf den Rücken des Fahrers, sondern hat freie Sicht. Der Fahrer wiederum hat seinen kleinen Mitfahrer stets im Blick. Weiterer Vorteil dieser Transportlösung: Es können auch mehrere Kinder mitgeführt werden. Im „Bakfiets", einem Import aus Holland, immerhin drei. Wenn es zu regnen beginnt, sitzen sie, das Verdeck übergespannt, im Trockenen. Und angeschnallt sind sie sowieso.

Das Lastenrad ist gegenüber dem normalen Fahrrad auf größere Gewichte ausgelegt. Daher ist alles an ihm eine Spur robuster (und teurer). Bessere Bremsen, massivere Speichen, stabilerer Rahmen. In der Regel hat es Nabenschaltung, denn die bietet gegenüber der Kettenschaltung den Vorteil, dass sie auch im Stand betätigt werden kann. So klappt der Start an der Ampel auch mit schwerem Gepäck.

Rechtlich ist das Lastenrad seinem gewöhnlichen Bruder gleichgestellt, das heißt, für beide gelten die gleichen Bestimmungen der Straßenverkehrsordnung. Bei jenen Fahrzeugen mit zwei Vorderrädern ist nur zu beachten, dass ab einer Breite von 80 cm ein Fahren auf dem Radweg nicht mehr zulässig ist. Und die meisten dreirädrigen Lastenräder sind in der Tat breiter als 80 cm.

Und das Fahrgefühl? Der Unterschied zu einem gewöhnlichen Fahrrad ist ähnlich dem zwischen einem kleinen und großen Auto. Das größere Gefährt ist behäbiger, auch gutmütiger. Gerade die Lenkung reagiert wegen des langen Radstandes anders als bei einem normalen Rad. Doch schon nach kurzer Zeit hat man sich daran gewöhnt. Ein Vorbeischlängeln an Autos ist nun freilich nicht mehr so leicht möglich.

Die Autofahrer, erzählt Weber, zeigen mehr Rücksicht, wenn er, statt mit dem normalen Rad, mit dem Lastenrad unterwegs ist. Bleibt nur zu hoffen, dass das auch so bleibt, sollte das Lastenrad dereinst in der Tat seine exotische Anmutung verlieren.

www.zweipluszwei.com/pd-f

Kinderanhänger
– www.zweipluszwei.at (Croozer und Chariot)
– www.weber-products.de

Lastenanhänger
– www.croozer.at (Croozer Cargo, Winther Donkey)
– www.zweipluszwei.at (Croozer Cargo)
– www.carryfreedom.com

Tourenanhänger
– www.carryfreedom.com
– www.zweipluszwei.at (Bob Yak Trailer)
– www.radicaldesign.nl (Cyclone)
– www.weber-products.de (Monoporter)

Radeln mit Batteriepower: Elektrofahrräder sind mehr als Fahrräder plus Unterstützung

„Die Schwachstellen der E-Bikes. Nur fünf sind sicher", lautete im Juni 2013 die Schlagzeile unserer Zeitschrift „KONSUMENT". In einer gemeinsam mit der Stiftung Warentest und dem ADAC durchgeführten Untersuchung mussten wir bei dieser noch relativ neuen Generation von Hybridfahrzeugen etliche Mängel feststellen, wobei wir nicht einmal Billigprodukte vom Diskonter getestet hatten, sondern Markenräder aus dem höherpreisigen Segment. Bei dem einen schlechtes Bremsverhalten, bei dem anderen starke elektromagnetische Strahlung und bei dem dritten gar Lenkerbruch. Nicht schön, was da alles zusammenkam.

Typische Kinderkrankheiten eben? Zum Teil allenfalls. Erste Elektrofahrräder wurden schon in den 1930er-Jahren entwickelt, aber die elektrische Antriebsunterstützung in ihrer heutigen Form ist definitiv ein Kind jüngerer Zeit. Die Technik kann, allen Werbeversprechen zum Trotz, noch gar nicht ausgereift sein, da bislang keine Langzeiterfahrungen vorliegen. Erst die werden zeigen, wo es hapert.

Unser ernüchterndes bis vernichtendes Testergebnis macht vor allem zwei Dinge deutlich. Erstens: Ein Fahrrad mit eingebautem elektrischem Motor ist mehr als ein herkömmliches Fahrrad plus Unterstützung, mag es sich äußerlich auch kaum unterscheiden. In seinen konstruktiven Elementen muss es höheren Anforderungen genügen. Zweitens: Aus dem Fahrrad, diesem so wunderbar einfachen Konstrukt, ist plötzlich eine komplizierte Maschine geworden. Und damit auch eine störanfällige. Nicht länger bleibt es beim Patschen oder Speichenbruch, nun kann auch ein Fehler in der Software des Motors auftreten, dessen Behebung oft genug den Einsatz des Laptops erfordert. Willkommen im 21. Jahrhundert!

Keine Frage: Wer das erste Mal mit einem Elektrorad fährt, kann sich kaum eines unvermittelt einsetzenden Glücksgefühls erwehren. Man tritt in die Pedale, und alles geht so wunderbar leicht. Es ist, als fliege man dahin, als werde man ununterbrochen von hinten angeschoben. Anstrengung, Krafteinsatz, Schweiß? Nichts von alledem!

An dieser Stelle ist es Zeit für eine Begriffsklärung und -erklärung. Bislang haben wir immer vom „Elektrofahrrad" gesprochen. Ein Übergriff für zwei Bauarten, die zu unterscheiden sind.

- Zum einen gibt es das **Pedelec**. Sprechen wir von Elektrofahrrad, so meinen wir in der Regel dieses Gefährt, denn rund 95 Prozent der verkauften Elektroräder sind hierzulande Pedelecs. Das Kunstwort leitet sich ab von Pedal-Electric-Vehicle, wörtlich übersetzt: „Elektrofahrzeug mit Pedalen". Die korrekte Bezeichnung in Österreich: „Elektrofahrrad mit Tretunterstützung". Kennzeichen des Pedelecs: Der Motor schaltet sich nur dann zu, wenn der Fahrer selbst in die Pedale tritt.
- Zu unterscheiden ist diese Bauart vom **E-Bike**: Bei ihm übernimmt der Motor die Arbeit, der Fahrer dreht, ähnlich wie beim Moped, dazu am Handgriff. Bei uns kaum von Bedeutung, in China allerdings die meistverwendete Variante.

In unserem Zusammenhang interessiert uns vor allem das Pedelec, denn mit einer EU-Richtlinie von 2003 wurde es rechtlich dem Fahrrad gleichgestellt. Für dieses Elektrorad gelten somit dieselben Richtlinien der Straßenverkehrsordnung, und das heißt nicht zuletzt, dass Helm und Kennzeichen zum Führen des Pedelecs

siloto/Shutterstock.com

Sonderklasse der Pedelecs

Von den Pedelecs zu unterscheiden sind die sogenannten S-Pedelecs. Sie sind die Renner, die Schnell-Pedelecs. Ihr Motor schaltet bei 25 km/h nicht ab. Damit gelten sie nicht mehr als Fahr-, sondern als Kraftrad, Kategorie „Motorfahrrad", wären versicherungs- und führerscheinpflichtig, bedürften einer EU-Betriebserlaubnis sowie der Eintragung in die Genehmigungsdatenbank („Typisierung"). Derzeit besteht in Österreich aber keine Zulassungsmöglichkeit für S-Pedelecs! Dennoch werden sie im heimischen Handel angeboten – nur fahren dürfen die Käufer rechtlich gesehen nicht damit.

nicht nötig sind. Die Motorleistung darf 600 Watt Spitzenleistung bzw. 250 Watt Nenndauerleistung nicht übersteigen, der Motor muss sich bei Erreichen einer Geschwindigkeit von 25 km/h abschalten. Unterstützung bis maximal 600 Watt. Das ist nicht viel, bedenkt man, dass ein Staubsauger gut die doppelte Leistung bringt. Aber umso besser: Das zeigt, dass Pedelecs mit wenig Energie auskommen.

Hinterrad-Nabenmotor

Der Motor: Vorne, hinten oder in der Mitte

Bei der Fertigung des Pedelecs arbeiten zwei Hersteller eng zusammen. Der eine ist für das Rad, der andere für den Motor zuständig. Beide Komponenten müssen gut aufeinander abgestimmt werden.

Der Antrieb erfolgt, je nach Ausführung, über das Hinterrad, das Tretlager oder das Vorderrad. Entsprechend werden diese drei Typen unterschieden:

Mittelmotor

- **Hinterrad-Nabenmotor:** Vorteilhaft beim Anfahren, gute Haftung auf glattem oder sandigem Untergrund. Kombination mit Nabenschaltung gibt es derzeit nur bei einem Modell. Dieser Heckmotor ist oft leiser als ein Mittelmotor, eine Rücktrittsbremse ist bei dieser Form aus technischen Gründen nicht möglich.
- **Mittelmotor:** Unmittelbare Zusammenführung von Muskel- und Motorkraft im Tretlager. Akku hinter dem Sattelrohr oder Gepäckträger. Günstiger Fahrzeugschwerpunkt.
- **Vorderrad-Nabenmotor:** Auf sandigem Untergrund neigt das Rad zum Wegrutschen. Lenken will geubt sein. Gutes Gegengewicht, wenn Gepäckträger voll beladen wird. Kombination mit Naben- und Kettenschaltung problemlos.

Vorderrad-Nabenmotor

Der Frontantrieb ist das billigste System und wird für Einsteiger mit relativ einfacher Steuerungssoftware angeboten.

Der Akku liefert den Strom

Jedes dieser Antriebssysteme hat seine Vor- und Nachteile. Den Saft für den Motor liefert der Akku. Klein und leistungsstark soll er sein, außerdem zuverlässig und billig, so will es der Kunde. Nur, dieser Wunsch kommt mehr oder weniger der Quadratur des Kreises gleich.

Für ein langes Leben des Akkus

Einige Tipps, welche die Lebenszeit des teuren Akkus verlängern und die Sicherheit erhöhen können:

- **Prüfzeichen.** Schon vor dem Kauf auf das UN T-Prüfzeichen der UNO und/oder das BATSO-Gütesiegel (Battery SafetyOrganization) achten. Ersteres bestätigt die Transportfähigkeit, Letzteres die Gebrauchssicherheit des Akkus selbst beim Auftreten typischer Anwendungsfehler oder bei Unfällen. Beim Händler hartnäckig nachfragen.
- **Sichere Umgebung.** Akkus nicht in brandgefährlicher Umgebung laden bzw. lagern.
- **Kein Memoryeffekt.** Der Akku kann auch in Teilladungen geladen werden, den gefürchteten Memory-Effekt gibt es hier nicht.
- **Winterpause.** In der Winterpause Akku nie leer lagern. Vor Wiedergebrauch vollladen.
- **Ladegerät und Ladekabel.** Ausschließlich das mitgelieferte Ladegerät und Ladekabel verwenden.
- **Abschalten.** Akku vom Netz trennen, sobald der Ladevorgang abgeschlossen ist.
- **Frostfrei.** Akku kühl und trocken, jedoch frostfrei lagern.
- **Aufwärmen.** Bei tiefen Temperaturen Akku nach Möglichkeit vor Inbetriebnahme bzw. Laden aufwärmen.
- **Schützen.** Akku vor hohen Temperaturen schützen: nicht am Gepäckträger oder im Fahrradständer in der Sonne schmoren lassen.
- **Im Auto.** Beim Rad-Transport mit dem Auto den Akku im Fahrzeuginneren verstauen.
- **Im Flugzeug.** Bei Flugreisen mit dem Pedelec die Akkus vorab als Flugfracht versenden; Deklarierungspflicht, Verpackungsbestimmungen, Gefahrgutaufkleber peinlich genau beachten. „Durchschmuggeln" funktioniert nicht!

Die jüngste Generation, der Li-Ion-Akku, erweist sich als recht leistungsstark, doch in beschädigtem Zustand können sie leicht Feuer fangen und explodieren. Beim Umgang mit diesen Kraftpaketen ist daher Vorsicht geboten. Sie gelten als Gefahrengut der Klasse 9 und dürfen somit beispielsweise nicht in Passagierflugzeugen transportiert werden.

Wo steckt der Akku? Manche Hersteller weisen ihm einen Platz unter dem Gepäckträger zu, andere im Rohr. Mal ist er gut zu sehen, mal versteckt. Der Leistungsfähigkeit des Akkus entscheidet über die Reichweite. Schaffe ich es mit einer Ladung 50 oder 90 Kilometer weit? Auf einer Radtour kann das entscheidend sein. Wobei die Hersteller naturgemäß nur ungefähre Angaben machen können. Denn am Berg reduziert sich eine theoretische Reichweite von angegebenen 60 bis 80 Kilometern schnell um mehr als die Hälfte – je nach Gewicht des Fahrers, wie stark er selbst tritt und wie gut er schaltet.

Was viele Pedelec-Käufer nicht bedenken: Irgendwann muss der alte Akku durch einen neuen ersetzt werden. Das freut weder Umwelt noch Käufer. Ein neues Gerät kann ohne Weiteres genauso teuer kommen wie ein neues „normales" Fahrrad.

Der „Kopf" des Antriebs

Bleibt neben Motor und Akku ein drittes Teil zu erwähnen, das den Elektroantrieb erst komplett macht: die Steuerung. Einfache Systeme messen nur, ob sich die Pedale drehen, und schalten den Motor dann zu. Das Rad beschleunigt dann ruckartig, gleich einem störrischen Gaul. Bessere Systeme arbeiten intelligenter, nämlich über einen Kraftsensor im Tretlager. Wenn man nur leicht tritt, schiebt der Motor nur mit geringer Leistung. Tritt man kräftiger, steigt die Unterstützung.

Unterschiedlich starke Antriebsarten – meist in mehreren Stufen – können vorgegeben werden. Manche Räder sind zudem mit einer Anfahr- oder Schiebehilfe ausgestattet. Gerade am Berg weiß der Lenker dies zu schätzen, nicht nur beim Fahren, sondern auch beim Schieben.

Überblick über die Elektrofahrradförderung in Österreich 2013

Gebietskörperschaft	Zielgruppe	Förderhöhe (EURO)	Laufzeit
Lebensministerium/ klima:aktiv mobil	Betriebe, Gemeinden, Vereine	200 Euro/400 Euro bei Strom aus Erneuerbaren Energieträgern max. 30% (Betriebe) bzw. 50% (Gemeinden, Vereine)	
Gemeinden			
Eisenstadt (Bgld)	Private	30% (bis max. 100 Euro)	
Lienz (T)	Private	10% (max. 150 Euro)	
Alberschwende (Vbg)	Private	300 Euro	
Blons (Vbg)	Private	10% (max. 150 Euro)	
Bludenz (Vbg)	Private	10% (max. 150 Euro)	
Dalaas (Vbg)	Private	10% (max. 150 Euro)	
Fontanella (Vbg)	Private	10% (max. 150 Euro)	
Göfis (Vbg)	Private	100 Euro, 50 Euro für Umrüstung	
Innerbraz (Vbg)	Private	10% (max. 150 Euro)	
Klösterle/Arlberg (Vbg)	Private	10% (max. 150 Euro) Voraussetzungen: Der/die FörderwerberIn muss seinen Hauptwohnsitz in Klösterle haben, dem Fördergeber die Originalrechnung vorweisen und dem Antrag in Kopie beilegen. Der Kostenzuschuss wird in KlosterTalern ausbezahlt.	
Laterns (Vbg)	Private	15% (max. 200 Euro)	
Mäder (Vbg)	Private	10% (max. 150 Euro)	
Meiningen (Vbg)	Private	100 Euro	2 Jahre befristet
Nüziders (Vbg)	Private	10% (max. 150 Euro)	
Raggal (Vbg)	Private	10% (max. 150 Euro)	
Röns (Vbg)	Private	150 Euro	
St. Gerold (Vbg)	Private	10% (max. 150 Euro)	
Sonntag (Vbg)	Private	10% (max. 150 Euro)	
Sulz (Vbg)	Private	100 Euro	2 Jahre befristet
Thüringerberg (Vbg)	Private	10% (max. 150 Euro)	
Viktorsberg (Vbg)	Private	50 Euro Zuschuss für die Anschaffung eines Pedelecs	

Weitere Mobilitätsförderungen in Vorarlberg sind am Energieinstitut Vorarlberg abrufbar.
Stand: 10/2013, alle Angaben ohne Gewähr. Zusammenstellung durch Lebensministerium Abt V/5 Verkehr, Mobilität, Siedlungswesen und Lärm

Das zulässige Gesamtgewicht ist eine Größe, der man normalerweise nicht viel Beachtung schenkt. Angesichts der konstruktiven Besonderheiten eines Pedelecs sollte man dies jedoch tun. Ein Hundert-Kilo-Mann mit 20 Kilo am Gepäckträger und einem Fahrradgewicht von 30 Kilo überschreitet schnell das bei manchen Pedelecs zugelassene Gesamtgewicht von nur 120 Kilo. Die Fahrsicherheit ist dann nicht mehr gegeben. Auch die Bremssicherheit nicht.

Aus dem nämlichen Grund ist Vorsicht bei Nachrüstsätzen geboten. Mit einem Antriebsset sein normales Fahrrad aufrüsten, so wird geworben. Der Bastler wird so allerdings zum Hersteller eines neuen Fahrzeugs. Und woher weiß er, dass sein altes Fahrrad für diese Aufrüstung überhaupt geeignet ist? Ob Rahmen, Gabel und Bremse den höheren Kräften gewachsen sind? Nicht-Profis sollten daher lieber die Finger davon lassen.

Das Fahrrad mit Motorunterstützung ist eine Option für Leute, die nicht verschwitzt ins Büro kommen wollen. Oder die schon älter sind. Das Problem dabei: Viele, die lange Zeit nicht mehr auf dem Fahrrad saßen, sausen nun mit großer Geschwindigkeit dahin. Mit der Zunahme älterer Radfahrer ist auch die Zahl der Unfälle gestiegen. Also Vorsicht! Nicht alles aus dem Pedelec herausholen, was drinsteckt. Lieber sanft dahingleiten.

Sicher durch den Winter: Radfahren unter widrigen Verhältnissen

Den ganzen Tag saßen Sie im Büro, in aufgeheizter, schlechter Luft. Nun haben Sie Feierabend. Mit Freude schwingen Sie sich auf Ihr Rad. Nach stundenlangem Sitzen tut die Bewegung gut. Dazu die frische, klare Luft, mit jedem Atemzug kommt wieder Leben in Ihren Körper. Gerade in der kalten Jahreszeit ist Fahrradfahren eine Art Jungbrunnen. So schwärmen jedenfalls manche. Aber für den Großteil der Menschen beginnt

mit dem Herbst und spätestens dem Winter die Zeit, da sie ihr Fahrrad im Keller verstauen und es erst ein halbes Jahr später wieder hervorzuholen, wenn die Temperaturen sich anschicken, wieder in die Höhe zu steigen.

Kälte, Regen und Schnee: Das schreckt viele Menschen. Was hilft? Was hat der Radfahrer zu tun und zu beachten, dass er unfallfrei durch den Winter kommt – und mehr noch, dass dabei der Spaß nicht zu kurz kommt?

Die Kleidung der Jahreszeit anpassen

Im Winter sind die Tage so kurz wie das ganze Jahr nicht. Über deren größeren Teil herrschen also auf den Straßen schlechte Lichtverhältnisse. Paragraph 20 STVO schreibt allen Fahrzeuglenkern „Fahren auf Sicht" vor. Wer sich nicht darauf verlassen möchte, dass nun alle Autofahrer etwas langsamer und aufmerksamer unterwegs sind, sorgt selbst vor, um gut gesehen zu werden. So hilft beispielsweise, auch tagsüber mit Licht zu fahren. Das kann bei Verwendung eines sogenannten Seitenläuferdynamos – eines Dynamos also, der zum Antrieb an die Seite des Reifens geklipst wird – beizeiten zu einer schwierigen Übung werden. Denn nasser Untergrund und dazu ein kältebedingt harter Reifengummi lassen die Reibrolle leicht durchrutschen. Helfen kann ein auf die Reibrolle aufgesteckter Gummi.

Mit einem Nabendynamo sind Sie auf der sicheren Seite, denn der garantiert, egal welche Witterungsverhältnisse herrschen, gleichmäßigen Stromfluss. Oder Sie setzen auf batteriebetriebene Zusatzbeleuchtung, auf helles LED-Licht, ein Batteriesatz hält inzwischen zwischen 50 und 80 Stunden. Achtung: Reflektoren sind gerade im Winter sauber zu halten, sonst reflektieren sie nicht.

Mit einem neonleuchtenden Anorak sind Sie für Autofahrer gut sichtbar. Nur ist so ein Anorak nicht jedermanns Sache, vermag er doch das ästhetische Empfinden feinfühligerer Menschen gewaltig zu verletzen. Warnwesten sind der äußeren Erscheinung erst recht nicht zuträglich. (In Ungarn ist auf Überlandstraßen

Was tun, wenn der Radweg verschneit ist?

Hierzulande besteht die sogenannte Radwegbenutzungspflicht. Aber was tun, wenn auf dem Radweg viel Schnee liegt? Dann darf der Radfahrer auf die (freie) Straße ausweichen. Bereits im Jahre 1964 hat der Oberste Gerichtshof dies entschieden, denn die Verpflichtung zur Benützung des Radwegs habe „zur Voraussetzung, dass sich dieser in solchem Zustand befindet, in dem eine gefahrlose Benutzung gewährleistet ist." Freilich sind die Gemeinden verpflichtet, die Benützbarkeit auch dieser Verkehrsflächen „während des ganzen Jahres aufrecht zu erhalten ..."

Paul Vasarhelyi/Shutterstock.com

das Tragen einer Warnweste für Radfahrer Pflicht, das ganze Jahr über.) Als möglicher Kompromiss bieten sich reflektierende Bänder an, die um Beine oder Arme zu wickeln sind. Ihr Vorteil: Sie können schnell wieder abgenommen werden.

Apropos Kleidung: Mummen Sie sich im Winter nicht zu sehr ein! Denn das hat nur zur Folge, dass Sie binnen kurzem nass geschwitzt sind. Besser ist ein Schichtsystem: Auf leichte Unterwäsche folgen mehrere, eher leicht wärmende Schichten, und den Abschluss bildet eine wind- und wasserabweisende Jacke.

Steigen Sie aufs Rad, wird Ihnen zu Beginn kalt sein. Da freuen Sie sich, wenn Sie gut eingepackt sind. Sie treten in die Pedale und allmählich wird Ihnen wärmer. Lassen Sie es aber keinesfalls zu einem Hitzestau kommen! Ein solcher lässt sich verhindern, indem Sie rechtzeitig die eine oder andere Schicht ablegen. Wohin damit? In die Fahrradtasche, die zu diesem Zweck mitzuführen ist. Jedes andere Behältnis tut es natürlich auch. Gut, wenn Sie für alle Fälle Ersatzwäsche mitführen. Denn nassgeschwitzt können Sie sich gerade in der kalten Jahreszeit leicht eine Erkältung einfangen, wenn nicht eine schlimmere Erkrankung.

Bei den Handschuhen heißt es, einen Kompromiss zu finden. Sie müssen gut gegen Kälte, Wind und Nässe schützen, dürfen aber auch nicht zu klobig sein, denn Schalten und Bremsen müssen nach wie vor möglich sein. Eine Kopfbedeckung versteht sich von selbst. In der Kälte fangen die Augen leicht zu tränen an. Eine Brille bietet Schutz, eine mit gelbem Glas hilft zudem, dem Wintergrau Kontraste zu entlocken.

Reifen für den Winter

Der Radler hat – wie der Autofahrer – seine Geschwindigkeit grundsätzlich so zu wählen, dass er jeden Augenblick rechtzeitig zum Stehen kommt. Im Winter ist besonders zu beachten: Nasse Straßen, vereiste sowieso, verlangen ein sanftes, gefühlvolles Bremsen. Das Bremsseil kann aufgrund der Kälte weniger leichtgängig als üblich sein. Bei einer Felgenbremse ist zu bedenken, dass Bremsgummis auf nassem Untergrund schlechter greifen als auf trockenem. Also die Fahrweise entsprechend anpassen. Vorsicht: erhöhte Rutschgefahr besteht vor allem in Kurven. Wer seinen Sattel etwas tiefer stellt, hat die Füße schneller unten, auf festem Boden.

Im Winter bestückt der Autofahrer sein Gefährt mit Winterreifen, auch für den Radfahrer besteht diese Option. Der Handel wartet mit Reifen auf, die ein extra tiefes Profil besitzen. Und für bestimmte Größen gibt es gar Spikes-Reifen. Der Griffigkeit und Traktion in Schnee und Matsch können Sie nachhelfen, indem Sie den Luftdruck in den Reifen etwas reduzieren.

In der kalten Jahreszeit muss nicht zuletzt das Fahrrad selbst einiges einstecken, und das im Wortsinn. Salz und Split, zu des Fahrers Sicherheit ausgestreut, setzen sich überall fest und fördern Korrosion enorm.

Besonders die Leichtgängigkeit der Kette leidet darunter. Daher: Reinigen und schmieren Sie die Kette regelmäßig, viel öfter als im Sommer.

Genießen Sie die Ausfahrt in kalter, klarer Luft, doch bei Eis, da lassen Sie Ihr Rad besser stehen. Sicherheit geht vor.

Räder mit Wow-Effekt: Vom Öko-Fahrzeug zum Mode-Accessoire

Was nun? Ist dies ein Mode- oder Radgeschäft? Etwas verwirrt bleibt der Passant stehen. Drinnen werden Fahrräder angeboten – und Taschen. Die Kombination ist ungewöhnlich, die Antwort allerdings einfach: Dieses Geschäft ist beides, Fahrrad- und Modegeschäft in einem. Betrieben wird es von dem Fahrradhändler Paul Rasper und der Wiener Designerin Eva Buchleitner alias Eva Blut, so ihr Künstlername.

„Stilrad" heißt der Laden. Eine Geschäftskette, die nach München, Berlin und Zürich seit Herbst 2012 auch im ersten Wiener Gemeindebezirk eine Niederlassung hat. Kein Geruch von Öl oder Gummi liegt in der Luft. Der Raum verströmt in erster Linie – Eleganz. Auf der einen Seite schicke Modeartikel, auf der anderen schicke Fahrräder. Nichts ist von der Stange, alles nur Markenprodukte. Hier kommt zusammen, was nach herkömmlichem Verständnis nicht zusammengehört. Modeartikel und Stahlrösser. Doch es gibt, betont Rasper, eine Gemeinsamkeit: die Liebe zum Design, das Bekenntnis zur gelungenen Komposition. Wie ein Auto-Showroom setzt dieses Fahrradgeschäft auf Exklusivität.

Nur wenige Räder stehen zur Auswahl. Das Signal ist klar: Jedes dieser Fahrzeuge ist ein wertvolles Stück. Es handelt sich um Marken wie Retrovelo, Schindelhauer oder Cykelmageren, von Herstellern, die den meisten unbekannt sein dürften. Kein Wunder, handelt es sich doch hierbei um kleine Manufakturen, vorzugsweise beheimatet in Italien, Finnland und Dänemark, die in kleiner Stückzahl produzieren.

Die Griffe harmonieren in Form und Material mit dem Sattel. Auf solche und ähnliche Details wird bei diesen Rädern Wert gelegt. Eine Komponente muss zur anderen passen. Bei einem der Räder weisen selbst Felge und Schutzblech die gleiche Beschichtung auf. Der gemuffte Stahlrahmen, der zählt hier noch etwas, seelenlose Massenproduktion wird abgelehnt. Man sieht mehr Chromglanz als Aluschliff, Leder- statt Gel-Sättel. Und die Zubehörabteilung bietet Tweed statt Leibchen mit Taschen über dem Po. Dazu handgenähte Ledertaschen, die sich am Fahrradrahmen befestigen lassen. Wer ein Rad sucht, das zu seiner Hornbrille passt, der wird hier sicherlich fündig werden. Alles wirkt ein bisschen elitär und snobistisch – aber schön ist es allemal.

Rasper verkauft nur Räder, die, wie er selbst sagt, „einen gewissen Wow-Effekt“ haben. Der Betrachter sieht sie – und ist umgehend überwältigt. Soll es zumindest sein.

Das Rad als ästhetisches Erlebnis. Als Kunstgenuss. Doch das sei nicht alles. Alltagstauglich müsse es in jedem Fall auch sein, betont Rasper. Was er anbietet, sind denn auch nicht neueste Light-Produkte auf Carbon-Basis, sondern solide verarbeitete Räder. Räder für die Stadt, die auch ruhig mal einige Kilogramm schwerer sein dürfen als ihre gewöhnlichen Artgenossen.

„Die Fahrradhersteller bedienten in den letzten Jahrzehnten im Grunde nur einen Kunden: den sportlichen Fahrer. Das Rad musste leicht und schnell sein. Wir konzentrieren uns auf ein anderes Segment: das Stadtfahrrad, egal ob sportlich dynamisch oder stilvoll elegant“, sagt Rasper.

Diese Räder bringen einen nicht nur von A nach B, sondern sie haben darüber hinaus das Zeug, aus der gewöhnlichen Masse hervorzustechen, aufzufallen, ein Blickfang zu sein. Oder um es mit einem berühmten Wort des französischen Soziologen Pierre Bourdieu zu sagen: Diese Räder taugen zur Distinktion.

Das „Stilrad“ markiert und repräsentiert zugleich einen Trend, der sich erst seit kurzem abzeichnet: weg vom uniformen zum ausgefallenen Gefährt. Weg vom biederen Öko-Fahrzeug zum interessanten Mode-Accessoire.

Der Ansatz ist neu – und erinnert doch sehr an die frühen Anfänge des Fahrradfahrens. Damals, in der zweiten Hälfte des 19. Jahrhunderts, war das Fahrrad ein Privileg der wohlhabenden Bevölkerung. Der Radfahrer fuhr im Park, auf seinem Hochrad, um zu sehen und gesehen zu werden. Mit seinem Fortbewegungsmittel demonstrierte er Finanzkraft und Status. Mit einem edlen Rad lässt sich auch heute wieder punkten. Man zeigt Stil – und darüber hinaus Verantwortungsgefühl für die Umwelt

Paul Rasper ist ein 2-Meter-Mann, gekleidet in feinen Stoff. Auf den ersten Blick erinnert er mehr an einen Oxford-Absolventen als an einen Fahrradhändler. Doch da ist es wieder, dieses Vorurteil, das im Fahrrad nur das Vehikel der kleinen Leute sieht.

Studiert hat Rasper, heute Anfang 30, Architektur. Nach Studienabschluss ging er zunächst für einige Zeit nach Dänemark, nach Kopenhagen. Dort erlebte er, was er von Wien überhaupt nicht kannte: Jeder fährt Rad, selbst die dänische Regierung radelt geschlossen zur Angelobung. Rasper war begeistert – und sein jugendliches Autofieber augenblicklich gestorben.

Zurück in seiner Heimatstadt, adaptierte Rasper für Wien, was der dänische Fahrradaktivist Mikael Colville-Andersen in Kopenhagen initiiert hatte: einen Fahrrad-Mode-Blog. Rasper rief den Blog Vienna Cycle Chic ins Leben, mit Fotos von schönen Menschen, die mit dem Rad unterwegs sind. Nichts Besonderes auf den ersten Blick. Genau darum geht es auch: zu zeigen, dass Radfahren im Alltag längst angekommen ist. Dass das nicht nur Sportler tun, sondern auch Mütter mit ihren Kindern hinten drauf. Oder Angestellte auf ihrem Weg ins Büro.

„Ich arbeitete und engagierte mich in meiner Freizeit für Fahrradanliegen. Irgendwann ergab sich die Möglichkeit, dass ich mein Hobby zu meinem Beruf mache", sagt Rasper. Dass er einmal ein eigenes Fahrradgeschäft haben würde, hätte er, Spross einer berühmten Wiener Unternehmerfamilie, freilich nie gedacht, das war in seiner Lebensplanung nicht vorgesehen.

Ein Kunde kommt ins Geschäft. Er zeigt diese typische Beklommenheit, die viele Leute augenblicklich befällt, wenn sie ein feineres Geschäft betreten. Schon beim Öffnen der Tür haben sie das Gefühl, irgendetwas falsch zu machen. Das ist die Kehrseite davon, dass „Stilrad" in unmittelbarer Nachbarschaft von Louis Vuitton und anderen Markengeschäften liegt. Doch genau in dieser Liga möchte er spielen, betont Rasper. In Wiens Außenbezirken, nein, da würde „Stilrad" nicht hinpassen.

„Wir setzen auf Eleganz, doch wir wollen auch keinen Fetisch daraus machen", sagt Rasper. Der Frauenanteil unter seinen Kunden sei recht hoch. Diese Klientel sucht Räder, die schön sind und darüber hinaus verlässlich. Bleibt das Problem, dass die edlen Stücke Begehrlichkeiten von weniger ehrenwerten Leuten wecken. Rasper weiß um diesen wunden Punkt. Daher gibt er beim Kauf Tipps, wie das Rad vor Diebstahl zu schützen ist. Und wem der Erwerb eines hochwertigen Schlosses noch nicht genügt, der kann im Geschäft auch gleich eine Diebstahlversicherung abschließen.

ERWERKE AG
ER COMPETENCE

Auf Tour

„Beim Radfahren lernen Sie eine Landschaft am besten kennen, weil Sie bergauf schwitzen, während es bergab von alleine geht. Auf diese Weise haben Sie die Gegend im Kopf, wie sie wirklich ist, während Ihnen im Auto nur hohe Berge Eindruck machen."

Ernest Hemingway (1899 – 1961), amerikanischer Schriftsteller, in einer seiner Reportagen

Feldforschung vom Fahrrad aus: Jeder Tag ein Abenteuer

Treffen mit dem Soziologen Prof. Dr. Roland Girtler am Wiener Kahlenberg

Schwarzer Hut, schwarzes Hemd, schwarze Hose. Wäre er ein Jugendlicher, der hier oben am Wiener Kahlenberg sein Fahrrad über den Platz schiebt, er würde nicht weiter auffallen. Doch es ist ein älterer, grauhaariger Herr. Ein Vagabund ist er, so bezeichnet er sich selbst gerne, ein Feldforscher, ein Kulturwissenschaftler. Es ist Roland Girtler, emeritierter Universitätsprofessor für Soziologie in Wien.

„Der Kulturwissenschaftler hat das Glück, dass der Gegenstand seiner Wissenschaft ihn täglich berührt. Es ist nicht notwendig, in fremde Kontinente zu reisen, um andere Kulturen kennenzulernen. Unsere eigene Gesellschaft besteht aus einer Vielzahl von Kulturen, die alle ihre besonderen Grenzen, Überlebenstricks und Vorstellungen haben. Man muss nur schauen können, um dies alles in sich aufzunehmen. Ich glaube, dass der Radfahrer gewisse Eignungen dafür mitbringt, denn er ist gezwungen, sich mehr als der Autofahrer mit seiner Umwelt zu beschäftigen", schreibt er in einem seiner Bücher.

Und so ist Girtler fast jeden Tag mit dem Rad unterwegs, Sommer wie Winter, und sei es auch nur im eigenen Grätzl. Stets und überall gibt es Entdeckungen zu machen. Jeder Tag ein Abenteuer. Und jeden Abend hält er fest, was er am Tag erlebt hat. Das tut er nun schon seit 1979, seine Aufzeichnungen sind zugleich privates Tagebuch und wissenschaftliche Studie.

Girtlers Disziplin ist die „Qualitative Forschung". In deren Mission beschäftigt er sich vorzugsweise mit Schmugglern, Prostituierten und Ganoven, Außenseitern und Randgruppen also. Der qualitativen Forschung, die im Unterschied zur quantitativen ohne Statistiken und Fragebögen auskommt, geht es um Authentizität, um eine möglichst lebensnahe Beschreibung der sozialen Felder. Dazu ist das Fahrrad im wahrsten Sinne ein passendes Vehikel.

Der Autofahrer sitzt abgekapselt in seiner Fahrzelle, kann mit seiner Umwelt höchstens über gestische Signale kommunizieren, der Radfahrer hat dagegen keinen Panzer um sich, ist frei, offen, Teil der Umwelt. „Als echter Radfahrer hat man einen direkten, schönen Kontakt zur Erde und zum Menschen. Man spürt den Wind unmittelbarer, hört die – vor Autos fliehenden – Vögel intensiver, riecht sogar Blumen und spricht mit Menschen", sagt Girtler.

1990 war der Kulturwissenschaftler mehrere Tage mit dem Rad im Westen von Österreich unterwegs, in den Bergen und im Grenzgebiet zu Deutschland und der Schweiz. Er fuhr über Pässe, passierte Grenzen. Im Herzen ein Vagant, ein Herumstreifer, traf er Leute und sprach mit ihnen. Seine Erlebnisse hat er in dem (Tage-)Buch „Über die Grenzen. Ein Kulturwissenschaftler auf dem Rad" festgehalten. Darin schreibt er auch, dass er auf Radtouren gerne allein unterwegs sei. So komme er schneller und müheloser mit der heimischen Bevölkerung in Kontakt, vor allem abends im Gasthaus, beim Bier.

Das Rad als Erkundungsfahrzeug. Daneben dient es Girtler auch einfach als Sportgerät. Andere gehen ins Fitnessstudio, Girtler – 1941 geboren – radelt regelmäßig auf den Kahlenberg.

Vor drei Jahren, erzählt er, sei er nach Italien geradelt. Es ging über mehrere Pässe. Die seien nicht das Problem gewesen, die Sonne war das Problem. An einem Tag holte er sich einen Sonnenstich. Seitdem ist Girtler vorsichtiger und fährt nur noch mit Sonnenhut. Andere Radfahrer setzen sich einen Helm auf. Girtler nicht. Und zwar aus Sicherheitsgründen, wie er erklärt: „Studien zeigen, dass Autofahrer besonders vorsichtig sind bei Radfahrern, die ungeschützt unterwegs sind."

Wir sitzen am Kahlenberg in einem Ausflugslokal. Girtler trinkt Cola, was erstaunt, da er sich in seinen Büchern doch als passionierter Biertrinker zu erkennen gibt. Ja, am Abend, nach getaner Arbeit, nach vielen Stunden auf dem Rad, da genieße er das Bier. Doch heute müsse er noch nach Hause fahren. Er habe die Erfahrung gemacht, dass Cola gut für seinen Kreislauf sei.

Mit dem Fahrrad hat Girtler bereits weite Strecken zurückgelegt, von Wien nach Paris und Berlin, nach Holland und über die Pyrenäen. Eine Leidenschaft, die er früh entdeckte: „Schon mit 14 Jahren bin ich über den Großglockner geradelt."

Girtler holt sich eine Banane aus seinem Rucksack. Er liebt auf seinen Radtouren das einfache, ungebundene Leben, doch am Abend hat er es gerne kommod. Übernachten im Zelt, nein, das komme für ihn nicht in Frage. Auf seinen Touren steuert er immer die besten und vornehmsten Hotels der Gegend an – „ich liebe das Leben im Hotel, ich liebe, vornehm zu frühstücken."

Nur ist ihm dabei nicht nur einmal passiert, dass ihn die feinen Hotels gar nicht aufnehmen wollten. „Einerseits behagt es mir, im Stil eines alten Landstreichers zu reisen, doch andererseits berührt es mich unangenehm, wenn ich von den Hotelleuten als solcher behandelt werde", schreibt Girtler in einem seiner Bücher.

Seit 47 Jahren ist Girtler verheiratet, doch seine Frau hat ihn noch nie auf seinen Radtouren begleitet. Sie sei die Autofahrerin, er der Radfahrer. Vor 30, 40 Jahren habe er selbst noch ein Auto besessen, einen Mercedes, doch den habe er eines Tages einem Studenten geschenkt. Seitdem fühle er sich frei, autofrei.

„75 Prozent der Fahrten, die Autofahrer machen, sind völlig überflüssig, diese Wege könnten genauso gut zu Fuß, mit dem Rad oder einem öffentlichen Verkehrsmittel gemacht werden. Völlig unnötig wird so unsere Umwelt verschmutzt." Und wie er so im Schimpfen ist, schimpft er weiter, nun auf jene Spezies von Radfahrern, die, ihre Räder auf dem Dach montiert, mit dem Auto ins Grüne fahren und erst dort loszuradeln beginnen. In seinen Augen die reine Dekadenz.

Mehrere Räder nennt Girtler sein Eigen, darunter auch ein Steyr-Waffenrad aus den 1930er-Jahren. „Dieses Rad benutze ich zu feierlichen Anlässen. Ich fahre mit ihm auf Begräbnisse und zu Hochzeiten."

Sind Radfahrer im Vergleich zu Autofahrern die besseren Menschen? Nein, das könne man nicht sagen, sagt Girtler. Gerade auf dem Ringradweg in Wien erlebe er immer wieder rücksichtslose Radfahrer, die, mit hohem Tempo unterwegs, sich um andere, langsamere Fahrer und auch Fußgänger nicht scherten.

Es wird Abend. Zeit zum Aufbruch. Girtler möchte vor Einbruch der Dunkelheit zu Hause sein. Doch dafür hat er noch Zeit: Er holt aus seinem Rucksack vier kleine Bälle und beginnt, mit ihnen zu jonglieren. Das Jonglieren habe er auf seinen vielen Radtouren gelernt, in den Pausen, erklärt er. Zu was das Radfahren doch nicht alles gut ist!

Vom Nischenprodukt zur gefragten Hilfe: Radreiseführer

Besuch bei Roland Esterbauer, Verlagsleiter der „Bikeline"-Reihe

Da muss der Verlagsleiter passen, das weiß er nicht. Vielleicht seien es 420, vielleicht auch 450. Mit meiner Frage nach der Anzahl seiner bislang herausgebrachten Buchtitel erwische ich Roland Esterbauer auf dem falschen Fuß. Für eine genaue Angabe müsste er selbst im Computer nachschauen.

In jedem Fall ist es eine stattliche Zahl an Radwegführern, die sein Unternehmen, der Esterbauer Verlag, seit der Gründung im Jahr 1987 bis heute auf den Markt gebracht hat. Der Verlag bedient eine Nische, doch hier, im sogenannten Outdoorbereich, ist er einer der Großen, wenn nicht sogar der Größte. Roland Esterbauer, ein Endvierziger, beschäftigt immerhin 25 Mitarbeiter – ein Chef, der Jeans, T-Shirt und die Haare lang trägt.

Der Hund Max liegt im Gras und genießt die Sonne. Es ist Freitagnachmittag, ein warmer Julitag. Die meisten Verlagsmitarbeiter haben sich bereits ins Wochenende verabschiedet. Roland Esterbauer sitzt im Hof seines Vierkantgehöfts im 200-Seelen-Ort Rodingersdorf im Waldviertel. Die eine Hälfte des Hofs ist Verlagssitz, die andere Wohnbereich, und hinten, im einstigen Schweinestall, lagern rund 500.000 Ausgaben jener „Bikeline"-Reihe, die in Radfahrerkreisen als guter Helfer in unbekannter Gegend wohl bekannt ist.

Angefangen hat alles in Wien, Anfang der Achtzigerjahre, erzählt Esterbauer. Er war von Salzburg in die Hauptstadt gekommen, um Elektrotechnik zu studieren. Nebenbei jobbte er als LKW-Fahrer und engagierte sich in der ARGUS (Arbeitsgemeinschaft Umweltfreundlicher Stadtverkehr), der Wiener Radfahrerlobby. „Das war damals ein radikaler, streng basisdemokratisch geführter Verein, in dem hitzige Diskussionen an der Tagesordnung waren. Ich war ein narrischer Radler inklusive aller Verrücktheiten: Stadtguerilla, selbst gebautes Fahrrad, mit dem Rad nach Griechenland und solche Scherze."

Auslöser dieser notorisch hitzigen Diskussionen war einmal Erwin Pröll, damals noch Sekretär des Landeshauptmanns, heute selbst Landeshauptmann von Niederösterreich. Er hatte auf einer Dorferneuerungsmesse die von der ARGUS herausgegebene Wien-Fahrradkarte gesehen und gesagt, so eine Karte wünsche er sich auch für Niederösterreich.

Darf man Aufträge des Establishments annehmen? Während sich Realos und Fundis noch in Grundsatzdiskussionen ergingen, hatte Esterbauer sich bereits entschieden. Er wollte es machen. Wie, das wusste er selbst noch nicht. Doch Rad fahren, das konnte er ja, und alles andere würde sich schon irgendwie ergeben. Und da war ja auch noch sein Studentenzimmerkollege, der mitmachen wollte. Es reizte das Geld, das bei der Sache zu verdienen war.

Auf Wegen, über die wir hier lieber den Mantel des Schweigens breiten wollen, kamen die beiden Studenten an Kartenmaterial. Kreuz und quer radelten sie durch Niederösterreich und erprobten verschiedene Strecken. Und irgendwann hatten sie sie fertig, die Radkarte für Niederösterreich. „Sie wurde uns geradewegs aus den Händen gerissen", erinnert sich Esterbauer.

Als Nächstes brachte Esterbauer einen Führer über den Donauradweg von Passau nach Wien heraus. Wieder ein Erfolg. So wuchs allmählich ein Verlag heran – und im gleichen Maße geriet das Elektrotechnikstudium ins Hintertreffen.

Das Konzept der „Bikeline"-Reihe ist seit seinen Anfängen weitgehend gleich geblieben. Es fußt auf diesen drei Säulen: erstens eine gute Wegbeschreibung, zweitens eine Auflistung der Übernachtungsmöglichkeiten und drittens Wissenswertes über die jeweilige Region. Und das alles auf wasserabweisendem Papier.

Esterbauer begann mit dieser Arbeit zu einer Zeit, da Radtouristen noch im Ruf von windigen bis gefährlichen Gesellen standen. „Ich habe es noch erlebt, dass Hotelwirte sich von Radreisenden die Übernachtung im Voraus bezahlen ließen."

Wie anders doch heute! Jede Gemeinde, jeder Gasthof buhlt darum, dass die Radroute an ihnen vorbeiführt. Inzwischen hat sich herumgesprochen, dass der Radtourist viel Geld liegen lässt, in der Regel sehr viel mehr als der Reisende, der im Auto unterwegs ist. Denn wer sich strampelnd den ganzen Tag müht, gönnt sich, nach getaner Anstrengung, gerne ein gutes Essen und ein kommodes Nachtlager.

Der Fahrradtourismus boomt, und dies stellt den Esterbauer Verlag nicht zuletzt vor neue Herausforderungen. Die von Gemeinden festgelegte Route ist das eine, und die im „Bikeline"-Führer empfohlene das andere. Manchmal decken sie sich, manchmal nicht. Manchmal ergeben sich mit Tourismusverbänden schöne Kooperationen, manchmal wilde Reibereien.

„Wir legen Wert auf Unabhängigkeit. Für uns gilt allein, dem Radfahrer den besten und interessantesten Weg zu empfehlen, unabhängig eventueller Begehrlichkeiten von dritter Seite. Wir leben von der Bindung mit unserer Kundschaft. Tatsächlich bekommen wir viele Rückmeldungen. Radfahrer melden uns, wenn sie in einem Gasthof schlecht behandelt wurden. Oder wenn sie eine Alternativstrecke empfehlen können. Diese Rückmeldungen versuchen wir in der Neuauflage zu berücksichtigen", sagt Esterbauer.

Viele „Bikeline"-Ausgaben beschreiben Routen entlang von Flüssen. Kein Wunder, führen sie doch in der Regel durch flaches Naturgebiet. Wo noch kein offizieller Radweg besteht, wird er bisweilen vom Verlag einfach ins Leben gerufen. Ein Beispiel dafür ist der „Moldau-Radweg" von Prag bis Bayern.

Gewöhnlich, erzählt Esterbauer, machen sich zwei Redakteure gemeinsam auf, um eine Radstrecke neu zu erkunden. Der eine per Fahrrad, der andere per Auto. Das Auto ermögliche, mehrere Strecken zum Vergleich abzufahren, somit eine gewisse Flexibilität. Wichtig sei auch, dass die Redakteure jeweils ortsfremd sind, damit sie mit frischem (und unvoreingenommenem) Blick der Gegend begegnen.

Im Rückblick betrachtet sind es einige No-Gos, die sich als wahrer Glückstreffer für den Verlag entpuppten. So beispielsweise die Entscheidung für das Querformat der Radwegeführer. Auf diese Idee konnte nur kommen, wer vom Verlagswesen keine Ahnung hat. Denn das Querformat passt nicht in die üblichen Regale. Den Buchhändlern blieb nichts anderes übrig, als diese unförmigen Bücher auf Tischen auszulegen, eine Sonderbehandlung, durch die diese markant blauen Bücher erst bekannt wurden. Esterbauer war einfach von den Maßen seiner Lenkertasche ausgegangen. Manchmal führt nicht die aufwändige Marketing-Analyse, sondern der spontane Einfall zum Erfolg. Esterbauer selbst spricht lieber vom „Dilettantenglück".

Auf großer Tour: In fünfeinhalb Jahren um die Welt

Gespräch mit den Radreisenden Valeska und Philipp Schaudy

Fünf Monate lang waren sie mit dem Rad in Kanada und Alaska unterwegs. Für manche wäre schon damit ein Lebenstraum in Erfüllung gegangen, bei Valeska und Philipp Schaudy weckte diese Tour in erster Linie Lust auf mehr. Auf mehr Radfahren, auf mehr Länder. Und so brachen die beiden Grazer bald darauf wieder auf, zu einer Radtour, die sie rund um die Welt führen sollte. Vom Nordkap bis Südafrika und quer durch alle Kontinente. Durch Schnee und Wüste, über Asphalt und Geröll, bei – 20 Grad und + 40 Grad Celsius.

Mit dem Fahrrad auf Weltreise

Im Sommer 2012 kehrten die beiden Radreisenden nach fünfeinhalbjähriger Tour wieder zurück, in ihre Heimat, nach Österreich. Wie lange sie hier bleiben werden, das wissen sie selbst noch nicht. Früher oder später werden sie sich wieder in die Ferne aufmachen, so viel steht fest, sei es für kurze oder längere Zeit. Wer die Welt gesehen hat, kann offensichtlich nicht genug von ihr bekommen.

Ich treffe Valeska und Philipp Schaudy in einem kleinen Cafe in der Grazer Innenstadt. Sie mit Rastalocken, er auffallend schlank, ganz der durchtrainierte Typ. Sie ist Umweltsystemwissenschaftlerin, er Diplomgeograf. Sie Mitte 30, er um die 40, und beide sind sie Abenteurer.

Fünfeinhalb Jahre in ein, zwei Stunden zusammenfassen? Das geht nicht. Hätten wir auch zehn oder zwanzig Stunden für das Gespräch zu Verfügung, die Zeit würde in jedem Fall zu kurz sein, als dass beide Radler von all den Erlebnissen berichten könnten, die sie in Afrika und Asien, in Süd- und Nordamerika gemacht haben. Wählen wir daher die kurze Form, eine Art Interview-Rap.

Warum haben Sie Ihre Weltreise mit dem Fahrrad gemacht und nicht etwa mit dem Auto?

Weil das Fahrrad schlichtweg das beste Verkehrsmittel ist. Du kommst schnell voran – in zehn Tagen kannst du 1.000 km schaffen, also ein ganzes Land durchqueren – und bist zugleich so langsam unterwegs, dass du die Umgebung unmittelbar erleben kannst, die Landschaft und die Menschen. Wie willst du mit Einheimischen in Kontakt kommen, wenn du nur die ganze Zeit im Auto sitzt, eingeschlossen in einer Art Käfig?

Wie sah die Vorbereitung auf die Reise aus?

Wir sagten uns, wir fahren los, wenn wir genug Geld zusammen haben. Und so war es denn auch. Dass wir zwischendurch immer wieder Pausen von ein, zwei Monaten einlegen würden, um in Spitzbergen unserer gewohnten Arbeit als Touristenguides nachzugehen, das wussten wir zu Beginn unserer Reise noch nicht.

Geldprobleme hatten wir nicht. Natürlich musst du für so eine große Reise fit sein. Aber jeden Tag sieben Stunden im Sattel sitzen, das lässt sich ja nicht trainieren. Dazu fehlt einfach die Zeit. Du fährst los – und brauchst ein, zwei Wochen, bis du in den Rhythmus findest. Die Route hatten wir recht schnell zusammengestellt. Einfach den Atlas aufgeschlagen, und da wussten wir, dass wir als Erstes die Strecke vom Nordkap hinunter bis nach Südafrika machen wollten

Wie muss das Fahrrad für so eine lange Reise beschaffen sein?

Für eine Weltreise genügt schon ein mittelpreisiges Mountainbike. Ein Mountainbike sollte es allerdings sein, schon wegen der Reifengröße. Denn den Durchmesser 26 Zoll gibt es in der ganzen Welt, 28 Zoll dagegen nur bei uns, im Westen. Bei den einzelnen Komponenten ist darauf zu achten, dass sie einerseits stabil sind, andererseits nicht neuester High-tech-Standard. Denn je einfacher sie sind, desto leichter lassen sie sich reparieren. In Afrika ging uns ein Schalthebel kaputt, mit einem einfachen Draht konnten wir den Schaden provisorisch beheben. Im ersten Jahr, auf den ersten 10.000 km, fielen kaum Reparaturen an. Doch danach ging über die Jahre alles sukzessive kaputt, so auch das Tretlager und der Kettenwerfer – zum Glück führten wir ein zweites Tretlager und einen zweiten Kettenwerfer mit. Die Sahara durchquerten wir in der Sandsturmzeit. Das war nicht günstig, Sand setzt dem Fahrrad zu. Wegen einer Reparatur mussten wir allerdings nie länger pausieren, im Gegensatz zu anderen Radreisenden, die wir trafen. Manche saßen seit zwei Wochen fest, weil sie auf die Lieferung eines bestimmten Ersatzteiles warteten.

Welches Gepäck ist mitzunehmen?

Man macht am besten eine Liste von all jenen Dingen, die man mitnehmen möchte – und streicht dann die Hälfte wieder weg. Man darf nicht vergessen: Jedes Kilo kostet den Radfahrer Kraft. Je leichter das Gepäck, umso besser kommt man voran. Unser Gepäck wog zusammen mit dem Fahrrad etwa 35 kg.

Was verflucht der Radfahrer auf so einer Tour?

Wind. Genauer gesagt: Gegenwind. Das ist das Schlimmste. Ihm kannst du nicht ausweichen. Wenn du bergauf fährst, weißt du, es lohnt sich, du wirst bestimmt eine schöne Aussicht haben, und nachher geht es wieder bergab. Aber gegen Wind kannst du nur ankämpfen, ohne dass du belohnt würdest.

In welchen Ländern war das Radfahren ausgesprochen angenehm?

In allen Ländern mit wenig Autoverkehr und vielen Radwegen, namentlich in Nordeuropa. Herrlich war es insbesondere in Oulu, in Finnland. Die Stadt hat ein großzügig ausgebautes Radwegenetz, sogar mit einem Kreisverkehr für Radfahrer. Dort sind sehr viele Menschen mit dem Rad unterwegs, selbst im Winter. Gute Erfahrungen haben wir außerdem in der Schweiz gemacht. Und nachdem wir den Vergleich mit vielen Ländern haben, müssen wir sagen: Auch in Österreich ist die Situation sehr gut.

Wo war das Radfahren weniger schön?

Am schlimmsten war es in Äthiopien. Die Menschen am Straßenrand wollen Beachtung geschenkt haben. Du musst dauernd winken und nicken. Machst du das nicht, kann es passieren, dass sie Steine nach dir werfen. Andere Radreisende erzählten uns, ihnen seien Stöcke zwischen die Speichen gesteckt worden. Es ist anstrengend, du hast einfach keine Ruhe. Du erregst Aufsehen – und willst das gar nicht in dieser Form. Schlechte Erfahrungen machten wir auch in Australien – und dort aus dem gegenteiligen Grund. Dort wirst du ostentativ ignoriert. Und wenn es dabei bleibt, kannst du noch froh sein. Was auch immer der Grund dafür sein mag: Gerade im Bundesstaat Queensland scheinen die Einheimischen Radfahrer regelrecht zu hassen. Uns ist es jedenfalls öfters passiert, dass Autofahrer absichtlich ganz knapp an uns vorbeigefahren sind.

Wo und wie haben Sie übernachtet?

Unterschiedlich. Wir hatten Zelt und Schlafsäcke dabei. Es gibt, ähnlich dem bekannten Couchsurfing, das Netzwerk „Warmshowers" – Radfahrer lassen Radfahrer bei sich übernachten. Dieses Netzwerk haben wir insbesondere in den USA genutzt. Bei einzelnen Mitgliedern konnten wir mal in der Wohnung, mal im Garten übernachten. Im Bett oder im Zelt.

Die Türkei ist sehr gastfreundlich – doch auch hier in Österreich haben wir Gastfreundschaft erfahren. Eines Abends, kurz vor dem Semmering, suchten wir nach einem Platz für unser Zelt. Da wurden wir von einem älteren Ehepaar angesprochen. Es lud uns ein, bei ihm zu übernachten.

Ist Ihnen während der Weltreise etwas zugestoßen?

Wir sind nicht überfallen worden, wir sind auch nicht bestohlen worden. Möglicherweise, weil wir immer vorsichtig waren. Im Freien haben wir nur abseits der Ortschaften übernachtet. Und in der Wüste haben wir darauf geachtet, die Spuren zu verwischen, die zeigten, wo wir von der Straße abgebogen sind. Wer weiß – vielleicht war gerade das wichtig. In Afrika musste ich (Philipp Schaudy) einmal zum Zahnarzt gehen – sagen wir so: Es war billig. Du kannst immer krank werden, darauf musst du gefasst sein, und es empfiehlt sich, eine entsprechende Krankenversicherung abzuschließen. Und darüber hinaus die für die einzelnen Länder empfohlenen Impfungen durchzuführen.

Hat man die Welt gesehen, welche Ziele und Wünsche bleiben dann noch?

Erstens gibt es noch genug Länder, die wir noch nicht gesehen haben. Und zweitens fanden wir viele Länder so interessant, dass wir sie gerne noch einmal bereisen wollen. Es gibt noch genug zu entdecken!

Das Fahrrad als Gepäckstück: Der Radreisende in Zug und Flugzeug

ÖBB-Züge haben eigene Fahrrad-Garnituren. Allerdings nicht sämtliche Züge. Der Railjet beispielsweise nicht. Obwohl: Der soll noch welche bekommen bzw. zu Redaktionsschluss längst welche bekommen haben. In R- und Rex-Zügen ist dagegen eine Fahrradmitnahme möglich. In IC- und ICE-Zügen auch, allerdings nur nach Vorreservierung.

Einfach machen es die Österreichischen Bundesbahnen dem Radreisenden nicht wirklich. Nicht nur, weil sie sukzessive Nebenstrecken stilllegen und damit interessante Regionen, die etwas ab vom Schuss liegen, für ihn unerreichbar machen, sondern auch, weil sie mit einem System für die Fahrradmitnahme aufwarten, das fast Insiderwissen voraussetzt, zumindest die kenntnisreiche Unterscheidung einzelner Zugtypen. Worüber auch die flotten Bezeichnungen für einzelne Tickets wie etwa „Regio-Biking" nicht hinwegtäuschen können.

Die Fahrradmitnahme in Bahn und Bus sollte attraktiver gestaltet werden, findet das Lebensministerium und formuliert in seinem „Masterplan Radfahren. Umsetzungserfolge und neue Schwerpunkte 2011 – 2015" diese Zielrichtung: „Die Frage der Fahrradmitnahme, besonders im Eisenbahnverkehr, ist weiters im Hinblick auf den Gepäcktransport zu sehen. Fahrgäste sollen die Möglichkeit haben, Großgepäck – sei es Skiausrüstung, Kinderwagen oder Fahrrad – selbst mitzutransportieren. Dazu wären verstärkt Mehrzweckflächen in Zügen und Mitnahmemöglichkeiten in Bussen anzubieten. Dieses Potenzial haben andere europäische Eisenbahngesellschaften schon erkannt. Sie bieten verstarkt Mehrzweckflächen in Zügen an."

Eine solch einfache und einheitliche, also kundenfreundliche Lösung wird hierzulande, so ist zu befürchten, nicht allzu bald zu erwarten sein. Es würde den Rahmen sprengen (und zur Verwirrung nur zusätzlich beitragen), wollten wir hier alle Regelungen und Sonderregelungen in den einzelnen Bundesländern anführen. Daher nur so viel, Stand Herbst 2013:

Radlobby IGF

- **Ausflüge im Regionalverkehr.** „Regio-Biking" nennen die ÖBB ihr Fahrrad-Angebot für den Regionalverkehr, die Fahrradmitnahme in den Zugkategorien R (Regionalzug), REX (RegionalExpress) und S-Bahn. Das Rad ist selbst zu verladen, eine Vorreservierung nicht möglich. Es gibt drei Ticketvarianten: die Fahrrad-Tageskarte um 5 Euro (ermäßigt 2,50 Euro: für Kinder bis einen Tag vor dem 15. Geburtstag und Vorteilscardbesitzer), eine Fahrrad-Wochenkarte (10 Euro/keine Ermäßigung) und eine Fahrrad-Monatskarte (25 Euro/keine Ermäßigung).
- **Fahrradmitnahme in Fernzügen.** Mit dem „Intercity-Biking"-Ticket der ÖBB kann das Fahrrad um 10 Euro (ermäßigt 5 Euro) in vielen Fernzügen (in den meisten IC-, EC-, EN- und D-Zügen; bisher noch nicht im Railjet) mitgenommen werden. Für das Fahrrad muss ein Platz reserviert werden. Die Anzahl der Fahrradplätze variiert, bis zu 20 haben IC- und EC-Züge laut ÖBB. Ob noch freie Radplätze im gewünschten Zug vorhanden sind, kann beim ÖBB-Kundenservice unter Tel. 05 17 17 und an den ÖBB-Personenkassen erfragt werden. Da die Haltezeiten von EC/IC-Zügen kurz sind, sollte man sich vorab über die Position des Fahrradtransportwagens im Zug informieren. Auf den Wagenstandsanzeiger-Aushängen im Schaukasten am Bahnsteig ist abzulesen, in welchem Bahnsteigabschnitt der Fahrradtransportwagen halten wird. Auch ist auf der gekauften Intercity-Biking-Fahrkarte die Ordnungsnummer des Waggons angeführt, in dem sich der reservierte Fahrradstellplatz befindet.
- **Biking International.** In einigen Zügen mit der internationalen Fahrradkarte um 12 Euro von Österreich nach Deutschland, Belgien, in die Niederlande, die Schweiz sowie nach Ungarn, Tschechien, Polen und zurück angeboten (Symbol der Züge im Fahrplan: „Fahrrad im schwarz hinterlegten Rechteck").
- **Haus-Haus-Gepäck.** Wer nicht auf das eigene Fahrrad verzichten will, es aber nicht selber im Zug mitnehmen möchte, der kann es als Haus-Haus-Gepäck um 29,90 Euro (ab 10 Stück 24,90 Euro pro Rad) zustellen lassen. Zu buchen ist das bis zwei Tage vor der Abholung. Das Rad wird zu Hause abgeholt und an die genannte Zustelladresse geliefert – von Montag bis Freitag, 8 bis 17 Uhr, in Wien zusätzlich Mittwoch (wenn Werktag) bis 21 Uhr. Man erhält eine Banderole, die am Rahmen des Rades zu befestigen ist. Die ÖBB empfehlen, Räder verpackt zu übergeben.

Aus dem Schneider sind Reisende mit Faltrad. Ihr Fahrrad, zu einem handlichen Paket zusammengefaltet, geht als Gepäckstück durch. Diese Variante benötigt keine Vorreservierung, auch kein vorheriges Studium der ÖBB-Mitnahmebestimmungen.

Die Mitnahme des Fahrrads im Flugzeug ist kaum komplizierter als im Zug. Zu beachten ist, dass das Rad, den Lenker quergestellt und die Pedale abmontiert, verpackt aufzugeben ist, darauf legen alle Airlines Wert.

Für die Verpackung können Sie die einfache und billige Variante wählen: einen Pappkarton, der bei vielen Fahrradhändlern als Müll anfällt und bei ihnen billig oder kostenlos zu bekommen ist. Die aufwändigere und teurere Variante ist ein spezieller Hartschalenkoffer speziell für Fahrräder. Aufwändiger deshalb, weil das Rad weitgehend demontiert werden muss, damit es in den Koffer passt. Vorteil: Das gute Stück ist gut geschützt. Denn das ist die unsichere Sache beim Transport im Flieger: Wo das Rad im Gepäckraum zu liegen kommt, ob weit unten oder obenauf, weiß man vorher nie. Im Fall einer Beschädigung sind Sie mit einer Reisegepäckversicherung auf der sicheren Seite. Empfehlenswert ist, sich vor Abflug von der Fluggesellschaft schriftlich bestätigen zu lassen, dass der Transport des Fahrrads genehmigt wurde. Die Transportkosten liegen in der Regel pro Strecke nicht über 70 Euro.

Auf eine Eventualität sollten Sie gefasst sein: Sie kommen im Ausland gut an, so auch Ihr Fahrrad – doch wie kommen Sie nun weiter? Wenn nur eine Autobahn zum Terminal führt, haben Sie schlechte Karten. Dann heißt es unter Umständen, das Fahrrad wieder verladen, in einen Bus oder ein Taxi ...

Damit die Liebe ewig währt

„In der Bassa ist das Fahrrad notwendig, wie Schuhe, mehr sogar als die Schuhe, weil einer, der keine Schuhe, aber ein Fahrrad hat, ruhig Rad fahren kann, während einer, der Schuhe hat, aber kein Fahrrad hat, zu Fuß gehen muss."
Giovannino Guareschi (1908 – 1968), italienischer Journalist und Schriftsteller in „Don Camillo und das Fahrrad"

Gegen den Verlustschmerz: Wie Sie Ihr Fahrrad vor Diebstahl schützen

Verwundert reibt er sich die Augen. Genau hier, an dieser Straßenecke, hatte er doch sein Rad abgestellt. Und nun ist es nicht mehr da. Einfach weg, wie vom Erdboden verschluckt. Am Anfang ist Erstaunen, Verwunderung. Doch sehr bald folgt die Erkenntnis: Das Rad ist gestohlen worden.

Kein Einzelfall. Vielen geht es wie unserer Beispielperson. In Österreich werden pro Jahr etwa 22.000 Räder entwendet. Die Zahl dürfte sogar noch höher liegen, denn nicht alle Diebstähle werden gemeldet.

Für die Betroffenen ist es nur ein schwacher Trost, dass sie mit ihrem Leid nicht allein dastehen. Zum finanziellen Schaden kommt der Schmerz. Für viele ist ihr Fahrrad mehr als ein nützliches Vehikel, es ist ihnen, weil Tag für Tag treuer Begleiter, mit der Zeit geradewegs ans Herz gewachsen. Denn auch Radler haben Gefühle.

Die Aussicht, dereinst sein entwendetes Rad zurückzubekommen, ist äußerst gering, denn die Aufklärungsquote niedrig. Das ist auch ein Grund, wieso viele erst gar nicht den Diebstahl melden. Trotzdem: Ihre Chancen erhöhen sich, wenn Sie bei der Diebstahlsmeldung einen Fahrradpass vorlegen können, der alle wesentlichen Merkmale Ihres Gefährts enthält. Diesen Pass erhalten Sie automatisch beim Kauf eines neuen Fahrrads – nur ausfüllen müssen Sie ihn eben! Ein entsprechendes Formular ist auch über die Internet-Seite des Bundesministeriums für Inneres zu beziehen (http://www.bmi.gv.at/cms/BK/praevention_neu/info_material/files/Fahrradpass.pdf).

Prävention ist eine populäre Vokabel im Gesundheitswesen. Beuge vor, dass du erst gar nicht krank wirst! Dieser Ansatz lässt sich auch auf das Fahrrad übertragen. Schütze es, damit es nicht gestohlen wird! Das Problem dabei: Eine absolute Sicherheit gibt es nicht.

Das zeigt nicht zuletzt der Umstand, dass selbst jene modernen Sicherheitsmaßnahmen, die die Autoindustrie in ihre wertvollen Karossen steckt, Diebe nicht vor unlösbare Probleme stellen. Rüstet die eine

Seite auf, zieht die andere bald nach. Auf jede neue Technologie, das zeigt die Erfahrung, folgt bald die Gegenstrategie, neuerdings der Laptop, der auf Beutetouren hilfreiche Dienste leistet.

Im Unterschied zum Auto setzen Diebe beim Fahrrad wie ehedem auf rohe Kräfte, kräftiges Werkzeug: Ihr bevorzugtes Tatwerkzeug ist der Bolzenschneider. Mit ihm lässt sich ein einfaches Kettenschloss geradewegs wie ein Stück Faden durchtrennen.

Wem sein Rad lieb ist, der sollte sich ein besseres Schloss zulegen. Obwohl: Jedes ist zu knacken, das entscheidende Kriterium ist allein, wie lange es dem unbotmäßigen Zugriff standhält. Der Höchstwert liegt bei etwa drei Minuten, eine Zeit, die Dieben mitunter wie eine Ewigkeit vorkommt, weshalb schon manche von ihrem Vorhaben wieder abgelassen haben.

Die Fahrradgemeinschaft ARGUS und die Kriminalpolizei propagieren unisono folgende Formel: Zum Fahrrad sollte ein Schloss im Wert von 10 Prozent des Fahrradpreises gekauft werden. Dann stimme in etwa die Relation. Zu einem teuren Fahrrad auch ein teures Schloss.

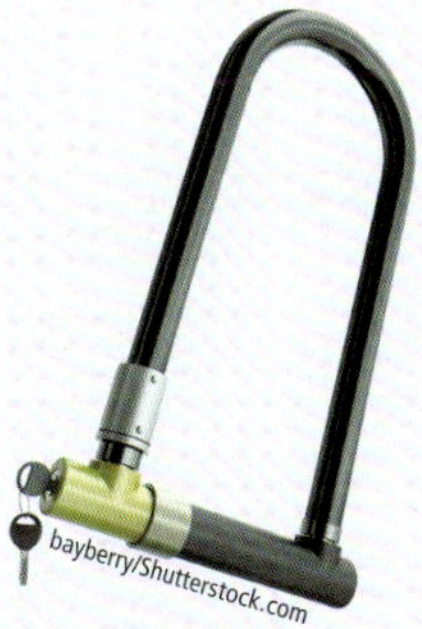

Bügelschloss
Mit ca. 3 Minuten hoher Diebstahlschutz, aber kurze Schließreichweite

Für bessere Fahrräder kam lange Zeit fast nur eine Option in Frage: ein Bügelschloss. Es kommt groß, starr und wuchtig daher – die abweisende Anmutung ist in diesem Fall erwünscht. Aber Bügelschloss ist nicht gleich Bügelschloss. Hier sind unterschiedliche Qualitätsstufen zu unterscheiden, entsprechend variiert der Preis von etwa 20 bis zu 120 Euro.

Hersteller wie Abus, Kryptonite oder Trelock haben für ihre Schlösser Sicherheitsskalen entwickelt, die dem Kunden Orientierung geben sollen. Dummerweise hat jedoch jeder Hersteller seine eigene Skala. Bei Abus gibt es 15 Levels, bei Trelock 6 und bei Kryptonite 10. Natürlich steigt mit der Sicherheitsstufe auch der Preis.

Je hochwertiger das Fahrrad, desto weniger wiegt es. So jedenfalls die Regel, eine Ausnahme stellen edle Stahlrösser aus vergangenen Zeiten dar. Was das Schloss betrifft, so gilt die genau gegenteilige Gesetzmäßigkeit: Je sicherer, desto schwerer.

Zwei gegenläufige Tendenzen: Die Gramm, die man auf der einen Seite einspart, handelt man sich mit dem Wunsch nach bestmöglicher Sicherheit wieder ein. Nicht nur, dass Ballast hinzukommt, für den man nun

Faltschloss
Eine Art Zollstock aus Stahl

Panzerkabel oder Kettenschloss
Mit ca. 3 Minuten hoher Diebstahlschutz, größere Schließreichweite, aber relativ hohes Gewicht

extra in die Pedale treten muss, das Schloss kann auch das fein ausbalancierte Fahrverhalten des Fahrrads stören, dann nämlich, wenn es den Schwerpunkt des Rads entscheidend verschiebt. Dieser Aspekt ist bei der Montage des Schlosses am Rahmen zu beachten.

Zum Bügelschloss gibt es mittlerweile eine elegante und trotzdem gleich sichere Alternative: das Faltschloss, eine Mischung zwischen Ketten- und Bügelschloss. Abus und Trelock haben es im Programm. Das Schloss gleicht einem Zollstock aus Stahl, bei dem die beiden Enden mit einem Schloss verbunden sind. Aufgrund dieser Konstruktion sind Faltschlösser zusammengeklappt sehr kompakt. Man kann sie gut in einer kleinen Tasche verstauen, die an den Rahmen geschraubt ist. Bei manchem Bügelschloss ist die Befestigung am Rad schwieriger.

Zum Schutz vor Lackschäden setzen manche Firmen auf eine Ummantelung aus speziellen Naturfasern. So kann der Fahrer sein Rad mit gutem Öko-Gewissen abschließen.

Seit längerem gibt es auch sehr robuste Stahlketten-Schlösser. Oft ist die Kette ummantelt, damit sie keine Schäden am Lack anrichtet. Kettenschlösser sind flexibler als Bügelschlösser, und sie passen auch um einen dicken Laternenmast. Je länger die Kette ist, umso schwerer sind sie jedoch auch.

Ein notorischer Schwachpunkt ist der Zylinder. Bei besseren Schlössern ist er extra geschützt, um ein Aufbohren zu verhindern.

In ihrem Testbericht über Fahrradschlösser äußerten unsere deutschen Kollegen von der Stiftung Warentest (test 4/2013) einen guten Rat: Man sollte sich grundsätzlich nicht nur auf eine Art Schloss verlassen. Weil für jede Variante zum Knacken anderes Werkzeug benötigt werde, seien viele Diebe auf eine bestimmte Sorte spezialisiert. Ist das Rad gleichzeitig z.B. mit einer Kette und einem Bügelschloss gesichert, ist der Aufwand für Langfinger meistens zu groß.

Was ist weiter zu beachten? Die Fahrradgemeinschaft ARGUS führt folgende Punkte an:

- Schließen Sie den Fahrradrahmen immer an einen festen Gegenstand an (eine Abstellanlage, ein starkes Gitter – aber nie im Haltestellenbereich vom öffentlichen Verkehr)

- Parken Sie Ihr Fahrrad an stark frequentierten Orten
- Wenn im Keller oder Hinterhof keine Möglichkeit besteht, das Fahrrad anzuschließen, sperren Sie mehrere Räder aneinander. So versperrte Räder können nicht einfach weggetragen werden.
- Parken Sie Ihr Fahrrad nie über längere Zeit auf der Straße

Rahmenschloss
Nur in Kombination mit einer Kette mit unter 3 Minuten ausreichender Diebstahlschutz – aber einfache, rasche Bedienung

Bleibt das Problem, dass auch Teile des Fahrrads gestohlen werden können. Den Schnellspanner gelöst, und im Nu ist der Sattel samt Sattelstütze herausgezogen. Das Schnellspannsystem erspart Werkzeug – dem Fahrer wie dem Dieb. Schutz bietet das Pitlock-Sicherheitssystem: ein patentiertes Verschlusssystem, das nur mit Spezialschlüsseln zu öffnen ist, die im Lieferumfang enthalten sind.

Aus neu mach alt: Man nehme eine Feile oder etwas Schmirgelpapier – und füge dem Rahmen hier und da ein paar Kratzer zu. Eine Kübel Farbe ist auch nicht schlecht: Damit lässt sich das Rad neu streichen, möglichst mit dicken Farbnasen. Solche und ähnliche Tipps findet man auf der Internetseite www. borumat. de/fahrrad-diebstahlschutz. Motto: Verunstalte dein Fahrrad, mach es hässlich! Damit Langfinger ihre Finger von ihm lassen, denn die interessieren sich in erster Linie für edle und schöne Vehikel. Eine Strategie, die gewiss etwas für sich hat und vielleicht trotzdem nicht jedermanns Sache …

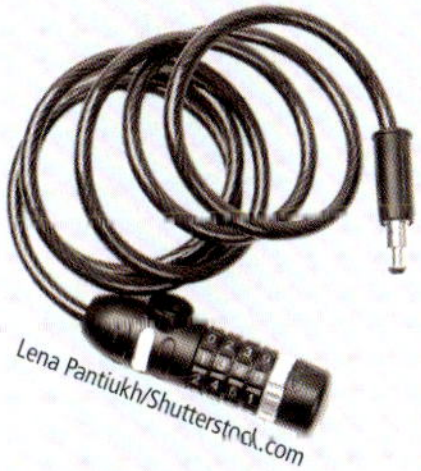

Spiralkabelschloss
Mit 6 Sekunden kein ausreichender Diebstahlschutz – aber geringes Gewicht

Registrierungsdatenbank

Einst konnte man sein Fahrrad von der Polizei codieren lassen. Da der Nutzen den Aufwand kaum rechtfertigte, ist das nun nicht mehr möglich. Doch man kann sein Rad registrieren lassen, auch wertvolle Einzelteile davon. Seit 2008 besteht die europäische Registrierungsdatenbank fase24.at, sie ist in Österreich, Deutschland, der Schweiz und den Niederlanden aktiv. Die Kosten für die Registrierung belaufen sich einmalig auf acht Euro.

Service

Literatur

Fahrradverleihstellen in Österreich

Stichwortverzeichnis

Allwood M (2013) Das große Fahrradbuch. Bassermann, München

Appeltauer P (2013) Das Kleingedruckte beim Radfahren. Maxime, Blaufelden

Barzel P (2008) Die neue Fahrradtechnik. BVA Bielefelder Verlag, Bielefeld

FALTER (2013) Interview mit Wiens Radverkehrsbeauftragtem Martin Blum. FALTER 24/13

Franke J (1987) Illustrierte Fahrradgeschichte. Nicolaische Verlagsbuchhandlung, Berlin

Fressel C (1897) Das Radfahren der Damen vom technisch-praktischen und ärztlich-gesundheitlichen Standpunkte. Neuwied, Leipzig

Gressmann M (2002) Fahrradphysik und Biomechanik. Delius Klasing, Bielefeld

Hoffmann U (2012) Das Fahrradbuch. Stiftung Warentest, Berlin

Klonovsky M (2012) Radfahren. Deutscher Taschenbuch Verlag, München

Knoflacher H (2013) Zurück zur Mobilität! Anstöße zum Umdenken. Carl Ueberreuter, Wien

Lessing HE (2012) Ich fahr so gerne Rad … Deutscher Taschenbuch Verlag, München

Mauch U (2011) Ausgenommen Radfahrer.
Metro Verlag, Wien

Milson F (2007) Fahrrad. Wartung und Reparatur.
Delius Klasing, Bielefeld

Paturi F (1988) Die Geschichte des Fahrrads.
AT Verlag, Aarau

Penn R (2012) Das Traumrad.
Malik, München

Salvisberg P von (1897) Der Radsport in Bild und Wort.
Olms Verlag, München

Schächtele K (2012) Ich lenke also bin ich. Bekenntnisse eines überzeugten Radfahrers.
Wilhelm Heyne, München

Smolik C (2010) Kleine Fahrradtechnik.
BVA Bielefelder Verlag, Bielefeld

Ude C (2005) Kleine Philosophie der Passionen. Stadtradeln.
Deutscher Taschenbuch Verlag, München

Wolf W (1890) Fahrrad und Radfahrer.
Harenberg Kommunikation, Leipzig (Reprint Dortmund 1979)

Fahrradverleihstellen in Österreich – eine Auswahl

Unter www.bikeseek.at steht eine Datenbank mit vielen Fahrradverleihstellen in ganz Österreich zur Verfügung.

Burgenland

Nextbike
Tel. 02743 22 99 01 www.nextbike.at

Verleihstellen rund um den Neusiedler See
Tel. 02167 86 00 www.neusiedlersee.com/de/themen/sport/rad/service/Fahrradverleih

E-Bike-Verleih im Südburgenland
Tel. 0664 108 58 88 www.ebikeparadies.at

Kärnten

Zweirad Impulse
Tel. 0463 41 89 37 DW 15 www.impulse.co.at

E-Biken rund um Mallnitz
Tel. 04784 322 www.nationalpark-hohetauern.at/de.aspx/Articles/View/1259

Niederösterreich

Nextbike
Tel. 02743 22 99 01 www.nextbike.at

Oberösterreich

Happy Bike
info@happy-bike.at www.happy-bike.at/e-bikeverleih/standorte

Tourismus Information
Tel. 0732 22 10 22 www.oberoesterreich.at/aktivitaeten/sommer/radfahren.html

Salzburg

Happy Bike
info@happy-bike.at www.happy-bike.at/e-bikeverleih/standorte

Citybike Salzburg
www.citybikesalzburg.at

Steiermark

Graz Bike, Netzwerk vieler Verleihstellen in Graz
www.grazbike.at

ARGUS Steiermark – Die Radlobby
Tel. 0676 68 57 558 http://graz.radln.net/cms/beitrag/10827884/25359554

Tirol

Crazy Bikez
Tel. 0650 79 57 214 www.crazybikez.com

Bikearena Zillertal
Tel. 0664 505 95 94 www.bikearena-zillertal.at

Vorarlberg

Happy Bike
info@happy-bike.at www.happy-bike.at/e-bikeverleih/standorte

Wien

Lastenradkollektiv
lastenradkollektiv@riseup.net www.lastenradkollektiv.blogsport.de

www.citybikewien.at
Die Anmeldung erfolgt im Internet oder an einem Citybike-Terminal mit einer Bankomat- oder Kreditkarte

Weitere KONSUMENT-Bücher im Buchhandel
oder im Online-Shop auf www.konsument.at

Mein neues Smartphone

Ihr Smartphone kann vermutlich mehr, als Sie ahnen – mit diesem Buch lernen Sie die für Sie wichtigen Funktionen kennen. Mit vielen Screenshots und praktischen Tipps hilft es, das neue Smartphone so zu verwenden, dass es zum nützlichen Begleiter des Alltags wird.

ISBN 978-3-99013-020-9
144 Seiten, Flexcover, € 14,90

Das Beste aus dem Internet, 4. Auflage

Unser Bestseller: Über 10.000 verkaufte Exemplare! Das Internet als unendliche Informationsquelle: Preissuchmaschinen, Reiseangebote, Musikdownloads und soziale Netzwerke. Außerdem: Gratisprogramme für den Computer, viele wertvolle Tipps für Windows- und Mac-User und über 700 Links!

ISBN 978-3-99013-032-2
184 Seiten, Flexcover, € 14,90

Fotografieren statt knipsen

Dieses Buch bringt Fototheorie und Fotopraxis zusammen und es macht – mit vielen Beispielen – Lust darauf, die eigene Kreativität zu entdecken und das Thema Fotografie mit anderen Augen zu sehen.

ISBN 978-3-99013-009-4
184 Seiten, Flexcover, € 19,60

Mein neuer PC

Computer werden unter vielen Bezeichnungen und Bauformen für unterschiedliche Anwendungsbereiche angeboten. Dieses Buch hilft bei der Auswahl und erklärt leicht verständlich die ersten Schritte – von der Inbetriebnahme des Computers über das Einrichten der Internetverbindung bis hin zur Installation der wichtigsten kostenlosen Software.

ISBN 978-3-99013-003-2
160 Seiten, Flexcover, € 14,90

Weitere KONSUMENT-Bücher im Buchhandel
oder im Online-Shop auf www.konsument.at